汛期排水入河污染快速净化技术

常素云　王松庆　傅建文　王哲　吴涛　张振　著

中国水利水电出版社
www.waterpub.com.cn
·北京·

内 容 提 要

本书针对汛期入河污染问题，通过小试试验、中试试验、示范运行等方法系统分析了三种低能耗快速净化技术的处理效果、对市政排水管网的影响以及应用场景，可为汛期污染治理及河道水质长效改善提供技术参考。主要内容包括初期雨水截污装置太极流快速净化技术研究与应用、初期雨水截污装置双旋流快速净化技术研究与应用、连续偏转技术研究与应用等。

本书可供相关科研院所、工程设计单位以及其他各类从事水处理、水生态、水环境等专业技术人员使用，也可作为高等院校给水排水工程、环境工程等与市政排水、农村排水、水环境治理相关专业的本科生、研究生的参考书。

图书在版编目（CIP）数据

汛期排水入河污染快速净化技术 / 常素云等著.
北京 ： 中国水利水电出版社，2024. 8. -- ISBN 978-7
-5226-2726-7
Ⅰ．X522
中国国家版本馆CIP数据核字第202484MB99号

书　　名	**汛期排水入河污染快速净化技术** XUNQI PAISHUI RUHE WURAN KUAISU JINGHUA JISHU
作　　者	常素云　王松庆　傅建文　王　哲　吴　涛　张　振　著
出版发行	中国水利水电出版社 （北京市海淀区玉渊潭南路 1 号 D 座　100038） 网址：www.waterpub.com.cn E-mail：sales@mwr.gov.cn 电话：（010）68545888（营销中心）
经　　售	北京科水图书销售有限公司 电话：（010）68545874、63202643 全国各地新华书店和相关出版物销售网点
排　　版	中国水利水电出版社微机排版中心
印　　刷	北京中献拓方科技发展有限公司
规　　格	184mm×260mm　16 开本　10 印张　243 千字
版　　次	2024 年 8 月第 1 版　2024 年 8 月第 1 次印刷
印　　数	001—400 册
定　　价	**68.00 元**

▶▶▶ 前　言

水生态文明建设是城市发展的战略任务,经过多年水环境治理,全国水环境质量总体改善,但河道汛期污染问题依然突出,汛期污染控制成为当前水环境治理的重中之重。《中共中央关于制定国民经济和社会发展第十四个五年规划和二〇三五年远景目标的建议》提出深入打好污染防治攻坚战。住房和城乡建设部、生态环境部、国家发展和改革委员会、水利部联合印发《深入打好城市黑臭水体治理攻坚战实施方案》,提出在完成片区管网排查修复改造的前提下,采取增设调蓄设施、快速净化设施等措施,降低雨季溢流污染,减少雨季污染物入河量。同时为了打好碳达峰、碳中和这场"硬仗",生态环境部印发了《减污降碳协同增效实施方案》,明确提出推进水环境治理环节的碳排放协同控制,增强污染防治与碳排放治理的协调性,实现环境效益、气候效益、经济效益多赢,对汛期污染治理提出了更高的要求。河道汛期污染主要包括:①面源污染,包括城市地表冲刷引起的径流污染、乱泼乱倒污染及市政管理作业不规范引起的路面清扫污染和冬季融雪污染;②雨水管网淤积内源污染,即管道内部淤泥被雨水冲刷,伴随雨水一起进入河道,造成河道水环境污染;③雨污水串接混接污染;④管道内部各种类型的串接混接、雨污合流等引起的源头排水户污染等。汛期污染治理涉及地表径流污染控制、管网串接混接改造及源头排水户等系统治理,但是建成区用地相对紧张,改造难度较大,往往需要辅助其他措施,快速净化技术是实现入河污染控制的途径之一。

本书是在水利部公益性项目"天津河道入河污染截控及水环境改善研究"、水利部"948"项目"CDS - GPT连续偏转分离技术的引进、研究与应用"、水利部推广项目"雨水径流污染减量技术推介"、天津市水务局项目"雨水径流污染减量技术研究""中心城区初期雨水治理及局部水体恶化应急治理技术研究""中心城区典型河道主要污染源诊断研究"等研究成果的基础上,系统总结编撰而成的。主要针对下垫面冲刷污染、管道淤积污染及已建成管网改造空间有限的难题,通过小试试验、中试试验、示范试验、仿真模拟等方法,研究了以控制径流冲刷污染、减少管网淤积为目的的城市面源污染管网前端污染控制技术,研究了以过程高效净化为主要目的的双旋流管网控制关键技术，研究了灵活多样的反射格栅拦截技术，为城市汛期排水入河污染控制提供技术支撑。

全书由天津市水利科学研究院常素云、王松庆、傅建文、王哲、吴涛、张振等撰稿，常素云定稿。其中第 1 章由常素云、王云仓、刘颖、王禹心、吴涛、吴昊、张洋、吴华宇、张艳芬、陆梅、刘京晶执笔；第 2 章由常素云、傅建文、王哲、吴涛、罗莎、朱宇、杨晓彬、杨洁、刘小川、梁峰、刘颖、李得宝执笔；第 3 章由常素云、王哲、张振、刘海辰、赵国钰、宋悦、江浩、袁杰、白雪、管权、李程执笔；第 4 章由常素云、王松庆、傅建文、张振、袁春波、齐伟、任必穷、刘波、王建波、郝志香、梁峰、刘颖、武丽娟执笔。感谢中国水利水电出版社石金龙编辑在本书出版过程中付出的辛勤劳动。

由于作者水平有限，书中不妥之处在所难免，敬请广大读者批评指正。

作者

2024 年 5 月

►►►► 目　录

第1章 绪 论

1.1 研究背景及意义

2015 年 4 月，国家发布了《水污染防治行动计划》（简称"水十条"），为落实贯彻《水污染防治行动计划》，天津市印发了《天津市水污染防治工作方案》并签订《天津市水污染防治目标责任书》。2016 年 12 月，中共中央办公厅、国务院办公厅印发《关于全面推行河长制的意见》，2017 年 5 月，中共天津市委办公厅、天津市人民政府办公厅印发《天津市关于全面推行河长制的实施意见》，在此形势下，天津市水环境治理压力越来越大。

"污染在水里，根源在岸上，关键在排口，核心在管网"，减少入河污染量是开展河道水环境改善的关键。本书针对下垫面冲刷污染、管道淤积污染及已建成管网改造空间有限的难题，通过小试试验、中试试验、示范试验、仿真模拟等方法，研发了以控制径流冲刷污染、减少管网淤积为目的的城市面源污染管网前端污染控制技术，研发了以过程高效净化为主要目的的双旋流管网控制关键技术，由澳大利亚引进"连续偏转技术连续偏转分离技术"，研发了形式灵活多的反射格栅拦截、磁絮凝旋流沉淀及湿地组合工艺，为城市汛期排水入河污染控制提供技术支撑。

1.2 雨水径流污染现状

1.2.1 雨水径流特点及危害

在降雨初期，随着地表径流的不断增大，径流中的污染物浓度会快速提高；而当暴雨径流接近或达到最大时，污染物浓度开始或已经显著下降。初期雨水污染是城市面源污染的主要来源，在地表高污染负荷的城市化地区，即使采用分流制排水系统，初期雨水直接排放也对受纳水体造成严重损害。鉴于初期雨水上述特点及对受纳水体的危害，初期雨水就地收集或处理显得尤为重要。

近年来，伴随着城市化进程的加快，城市人口不断攀升，城区面积不断扩大，不透水性地面比例持续增加，汇流面积也日益增大，导致城市雨水径流量显著增大，汇流时间明显缩减，对现有城市排水系统造成极大的冲击与压力。与此同时，随着城市非点源污染的不断增加，雨水径流在汇流的过程中冲刷、裹挟了大量来自大气以及屋面、路面和绿地等不同下垫面上累积的污染物，被污染的雨水径流通过排水管网汇集并排放到城市受纳水体中，造成城市水系的严重污染，极大地破坏了城市的水生环境，严重影响了周边居民的日常生活。

城市雨水径流环境污染问题的研究始于 20 世纪 70 年代的美国。1965 年，美国颁布了《水质法案》（*Water Quality Act*），城市径流污染的调查研究成为热门课题，并在 80 年代初成立国际水资源协会（international water resources association，IWRA）[1]。1978—1983 年，美国国家环保局还发起规模最大的一次城市径流污染调查研究，发现影响径流水质的因素繁多且机理复杂[2]。法国、德国、澳大利亚、韩国和日本等发达国家也先后根据本国雨水径流的实际情况开展了相关研究[3-6]，对地表径流雨水的水质特性、地表水体的影响评价、地表径流污染排放规律的数学模拟以及污染控制措施等进行了大量的工作[7-8]。法国的调查研究表明，不同类型的城市径流，街道径流的污染情况最严重，屋面径流也是一个重要的污染源，其重金属浓度相当高，屋面覆盖材料的特性直接影响着屋面径流的水质[9-10]。

我国于 20 世纪 80 年代初在北京开展针对城市雨水径流污染的研究[11]，此后在上海、广州等城市相继开展了相关研究工作[12-14]。张思聪等[15] 在对北京市雨水径流进行的研究中指出，氨氮（NH_3-N）、化学需氧量（COD）、重金属三类污染物都超过了地表水环境质量标准，且各种污染物的浓度在降雨初期非常高，后期较低。张亚东等[16] 通过对北京城区道路雨水径流水质进行监测，发现径流以 COD 和悬浮固体（SS）污染为主，氨氮和金属离子浓度较低，但石油类、挥发酚及表面活性剂等有机物指标含量较高。储金宇等[17] 针对镇江城区的地表径流污染特性研究分析指出，影响城市雨水径流污染的主要因素有地表堆积物、大气污染状况及雨水径流量。施为光[18]、贺锡泉[19] 通过对成都市的径流污染水质特性和规律进行研究，尝试使用模型对径流污染浓度和负荷进行评估，并取得了一定的成果。

1.2.2 雨水径流主要污染物

在降雨冲刷下，城市地表累积的污染物被冲刷、转移到雨水径流中，随雨水径流排放至自然水体中，导致自然水体水质恶化。由于城市地面污染物种类繁多，因此必须以雨水径流中的特征污染物进行污染程度的描述。美国国家环保局推荐的 11 种雨水径流特征污染物包括悬浮固体（SS）、生化需氧量（BOD）、化学需氧量（COD）、总磷（TP）、溶解磷（DP）、总凯氏氮（TKN）、硝态氮（NO_3-N）、亚硝氮（NO_2-N）、铜（Cu）、铅（Pb）、锌（Zn）。按照污染特性可以将其分为四大类，分别为颗粒物质、需氧量物质、富营养化物质和重金属。

（1）pH 值。由于酸雨的影响，自然降雨的 pH 值可能降低，但是在降雨形成雨水径流时夹杂了大量的碱性物质，导致雨水径流趋于中性。

（2）SS。雨水径流中的 SS 差异性很大。在地表水污染较轻的区域，其平均浓度只有 14mg/L，而在城市道路和分流制管道中达到 300mg/L 以上。天然降雨中的 SS 很低，SS 的主要来源为城市地表积累污染物，在降雨冲刷作用下，转移到雨水径流中。

（3）有机物。有机物在雨水径流中属于典型的污染物，可用 COD 和 BOD 表示。在城市环境优美、绿化率高的区域，雨水径流中的 COD 平均浓度在 100mg/L 以下，在污染较重的北京地区，部分区域雨水径流 COD 平均浓度高达 600mg/L 以上，甚至高于城市市政污水浓度，而 BOD 浓度很低，远小于城市市政污水浓度，说明雨水径流中有机物类物质可生化性差。

（4）富营养化物质。富营养化物质主要是指雨水径流中的氮（N）和磷（P）。含有大量 N、P 等污染物的雨水径流排入自然水体，提高了自然水体的富营养化水平。雨水径流中的 N、P 主要来源于城市地面，随着城市化水平的提高，污染物浓度有升高的趋势。TP 平均浓度为 $0.33\sim6.5mg/L$。雨水径流中的氮类物质主要以硝酸盐和氨氮为主，硝酸盐平均浓度为 $1.07\sim30.7mg/L$，氨氮平均浓度为 $0.83\sim13.1mg/L$。国内雨水径流中 N、P 等污染物浓度远高于国外，主要原因是国内在快速城市化的过程中忽略了雨水径流污染物的控制。

（5）重金属。由于城市化过程中人类活动的聚集性和复杂性，雨水径流中含有大量的重金属污染物，其中大部分是产生生物毒性的污染物。其中 Zn 浓度一般在 1mg/L 以下，小于地表水环境质量标准中Ⅲ类水体标准，而 Pb、镉（Cd）、铬（Cr）平均浓度有超过Ⅲ类水体标准的现象，对水环境的影响较大。

（6）毒性有机物。毒性有机物大都是由人类合成的有机物，在雨水径流中经常出现的为杀虫剂类物质。城市雨水径流中出现的毒性有机物与使用类型和泄露有关，毒性有机物在使用后，在降雨冲刷作用下，转移到雨水径流中。雨水径流中的毒性有机物浓度相对较低，但如果污染物（例如杀虫剂）使用不当或任意抛弃，可能导致雨水径流中的毒性污染物浓度增加，对自然水体产生严重威胁。

对污染物之间的相关性进行分析是为了找出城市雨水径流中各种污染物之间的相互影响和相互联系。对雨水径流中不同污染物之间的相关性进行分析，通常采用线性相关性，即计算污染物之间的 Pearson 相关系数 r，实际中也常用 R^2 的数据进行研究和讨论。对于这两个变量，相关系数 $r=0$ 表明两者零相关；$r=1$ 或 $r=-1$ 时，表明完全相关。已有研究结果表明，在城市雨水径流污染物中，SS 与氨氮[20]、SS 与 COD[21] 具有较好的线性相关性，同时不同下垫面 SS 与 COD 的相关性不尽相同[22]。

1.3 雨水径流污染控制

1.3.1 径流雨水控制管理措施

雨水径流中的污染物已成为城市主要污染物的来源，雨水径流中污染物的负荷与成分受到的影响因素复杂，为此许多地区针对雨水径流污染开展了一系列管理控制措施，比如利用人工湿地、快速渗滤、蓄水调节池及除污设备等对雨水径流进行有效处置。

在实际应用当中，由于雨水径流本身的特性不一样且各种措施净化效果也不同，国内外学者研究的雨水径流处理措施可分为截留滞留方式与过滤方式。截留滞留方式运用人工湿地、蓄水调节池和生物滞留等，过滤方式有快速渗滤、砂滤和运用透水砖等。这些方式对雨水径流污染物的处理有着各自的优缺点，在实际应用过程中，应考虑当地雨水径流的实际情况与实施环境选择适合当地的方式。

1.3.2 颗粒物控制去除措施

20 世纪初，人们开始对雨水径流中颗粒物的去除方法展开讨论研究，21 世纪初，出现了大量的雨水径流处理方式。对雨水径流进行净化处理，需对雨水径流中的主要污染物载体颗粒物进行研究，大量学者对雨水径流中颗粒物的累积、冲刷、迁移、沉淀等规律进行了研究分析，于各阶段形成了一系列控制措施，主要是对雨水径流污染物的来源、迁移、沉积等各个过程进行管理控制。

针对雨水径流中颗粒物的控制措施主要包括清扫、分离、过滤与沉积等，这些方式在雨水径流中颗粒物的控制方面得到广泛应用。

（1）清扫。雨水径流中颗粒污染物是造成雨水径流污染的源头，须对颗粒物进入雨水径流进行源头控制。源头控制措施主要包括以下三个方面：①对产生颗粒物的场所、活动等采取措施，如对建筑施工、汽车活动等进行控制管理；②对容易积累颗粒物的地方进行清除，如对道路、屋面等在降雨来临前进行合理的清扫，减少雨水径流对颗粒物的冲刷量；③增加颗粒物的固化或降低雨水径流对颗粒物的冲刷能力，如在裸露的地表种上植被等措施，使这些地方不容易产生颗粒物，即使产生颗粒物，由于植物的吸附、拦截作用，颗粒物也难以被雨水冲刷出来。

（2）分离。当颗粒物进入雨水径流中时，需采用其他方式对雨水径流中的颗粒物进行去除，而水力旋流是一种非常有效的去除雨水径流中颗粒污染物的重要技术。

（3）过滤。过滤的使用范围非常广泛，如固-液、固-气、大颗粒、小颗粒等。用于雨水径流的过滤技术各不相同，例如使用砂石、砾石、土壤、植被等对雨水径流中的污染物进行净化处理。对过滤技术进行更深入的研究，将过滤技术加以改进并与其他技术联合使用，使过滤处理不仅能去除雨水中的颗粒态污染物，同时对雨水中的重金属、溶解态污染物有着一定的去除效果。

（4）沉积。沉积是指悬浮在水中的颗粒物因重力作用发生沉降，通过一定时间的沉降固液分离，从而去除水中悬浮态颗粒污染物的一种方式。沉积能很好地对雨水径流中的颗粒态污染物进行去除，但沉积需要大量时间与空间，这严重限制了其在城市中的应用。

1.3.3　雨水径流污染处理传统工艺

按照雨水径流的流程可以将雨水径流污染控制技术及利用措施分为三类：源头治理、汇流治理、终端治理[23]。源头治理是在雨水进入沟渠、管道等排水系统之前进行的各种处理，有屋顶绿化、低势绿地、植被浅沟、渗水路面、生物滞留等措施或设施，即通过改变地表径流条件，增加雨水向地下的渗透，减少地面径流量，主要目的是通过减少进入排水系统的污染物和雨水径流量，从而减少后续处理的难度与排水系统的负荷。汇流治理主要是利用排水系统在雨水输送过程中对污染物进行的截流、储存和处理，可采取的措施或设施主要有雨水截污挂篮、环保雨水井、渗透管（渠）、雨水渗透池（塘）、雨水过滤等，这些措施或设施对各种雨水排水系统均适用。终端治理是将雨水收集到排水系统的末端，再进行集中的物理、化学和生物等处理，从而去除雨水中的各种污染物，最后排放水体或进行回用，具体措施或设施有雨水湿地、干（湿）塘等。

对雨水进行处理的物理化学方法（物化法）主要是根据流体力学原理，通过沉淀、过滤、消毒等技术进行，处理过程类似于城市的给水处理工艺，即通过混凝设施、沉淀池、过滤设备及消毒设备等，对雨水进行处理后回用于日常杂用水。对雨水进行处理的生物方法（生物法）则是利用自然界的微生物和动植物，收集后的雨水通过生物塘、湿地等，利用自然净化技术加以净化，处理后的雨水一般经收集提升后排入水体或用于补充地下水，通常将物化法与生物法结合起来，建立雨水深度处理系统，处理效果会更好。屋面和道路雨水水质可生化性差，宜采用物化法处理。雨水净化工艺视水质和使用目的确定，若出水作为杂用水，则处理工艺的选择应以简便、实用为原则，优先考虑混凝、沉淀、过滤等物化处理方案。道路雨水水质污染程度大，水质复杂，应先除去初期径流，再进行混凝、沉淀、除油和过滤等工艺处理，必要时增加生物活性炭工艺，然后再回用或回灌地下水。若对水质要求较高，可结合雨水深度处理技术，即常规处理以后，再经过吸附、膜分离等处理工艺，获得更好的水质。

1.3.4 初期雨水处理传统工艺

由于初期雨水污染程度高[24]、处理难度大[25]，因此对初期雨水的控制主要采用弃流处理的方法。初期雨水弃流可去除径流中大部分污染物，包括细小或溶解性污染物，因此是一种有效的水质控制技术。根据不同的弃流原理，常见的弃流设施有以下四种类型。

（1）优先流法弃流池。初期雨水弃除最常用的方法是优先流法。即将设计的集雨面的初期径流量优先排入相应容积的需水空间内，然后再流入收集系统的下游。可设计为在线或旁通方式，截留的初期雨水在降雨结束后或者由水泵排入污水管道，或者逐渐渗入周围的土壤。该方法根据雨水径流的冲刷规律合理确定弃流水量，简单有效，可以准确地按设计要求控制初期雨水量，效果好，但当汇水面较大时收集效率不高，需要较大的池容。

（2）切换式或小管弃流井。小管弃流是指在雨水输送过程中通过设置小管径的分流管道以控制污染严重的小流量初期径流。随着降雨历时的延续、降雨深度的累积，在降雨后期，当雨水径流污染物浓度降低且流量足够大时，雨水径流可超越弃流管直接向下游输送。在雨水排水管网系统中，可在检查井处进行简单改造，从而实现小管弃流。该弃流设施新建或改建简便易行，投资较少，但在整个降雨过程中，分流管道长期处于分流状态，难以控制弃流量且截污效果不稳定，尤其是降雨强度小而降雨量很大时，可能会使弃流量加大。该方法一般适用于汇水面较大、有足够的收集水量时。

（3）旋流分离式初雨弃流设备。雨水经雨水管道收集后，沿切线方向流入由一定数目的合金材料制成的旋流筛网。降雨初期，筛网表面干燥，在水的表面张力和筛网坡度作用下，雨水在筛网表面以旋转的状态流向中心的排水管，初期雨水即被排入雨水或污水管道。随着降雨的延续，筛网表面不断被浸润，水在湿润的筛网表面上的张力作用将大大减小，中后期雨水就会穿过筛网汇集到集水管道，最终接入蓄水池。这种装置的主要特点是通过改变筛网的面积和目数可以按时间控制初期雨水弃流量；初期雨水来临时，可以将上次残留在筛网上的树叶等滤出物冲入雨水或污水管道中，自行清洁。

（4）自动翻板式初雨分离器。自动翻板式初雨分离器是利用自动翻转的翻板进行弃流。没有雨水时，翻板处于弃流管位置，降雨开始后，初雨沿翻板经过弃流管排走。随着降雨的增多，一般降雨到2～3mm时，翻板依靠重力会自动反转，雨水沿翻板经过雨水收集管进入蓄水池。当停止降雨一定时间后，翻板依靠重力作用自动恢复到原位，等待下一次降雨。翻板的翻转时间和停雨后自动复位的时间可根据具体情况在安装时调节。该装置主要安装在雨落管上，无须建设土建弃流池，可以灵活地将初雨分离出去，整个过程自动完成。使用该装置可以有效地控制每场降雨径流中的大部分污染物，能显著地改善蓄水池中的雨水水质，保证整个系统安全而高效地运行。

另外，还有高效初期弃流型[25]、模式分析弃流型装置以及预动作式雨水弃流装置等新型初期雨水弃流装置。

1.4　旋流分离技术

1.4.1　旋流分离器

水力旋流是一项分离非均相液体混合物的水处理技术。旋流分离器作为一种分离非均相混合物的分级设备，可用来完成液体的除气与除砂、固相颗粒洗涤作业、液体澄清、固相颗粒分级与分类以及两种非互溶液体分离等多种作业[26-27]。它是利用离心场加速悬浮液中固体颗粒沉降和强化分离过程的有效分离分级设备。当待分离的液体混合物（非均相固液混合物）以一定压力从旋流分离器周边切向进入分离器后，其被迫作回转运动。由于固液两相之间受到的离心力、向心浮力和流体曳力不同，较重的固体颗粒经旋流器底流口排出，而大部分清液经溢流口排出，从而实现分离的目的。旋流分离器中的固液分离是重力与涡流产生的离心力共同作用的结果，其中涡流对 SS 的沉降有着重要的作用，同时能去除颗粒态的氮、磷。

1.4.2　国内外旋流分离器研究进展

国内外用于雨水处理的旋流分离器可分为无动力旋流分离器和动力旋流分离器。在国外雨水旋流分离处理的研究和应用中，无动力旋流分离器因其无能耗、占地面积小、截污效率高、适用性强等优点占据了主导地位。国内研究的重点则更侧重于动力式旋流分离器，其多用于化工行业，很少应用于雨水及合流雨污水处理。

1891 年，Bretney 在美国申请了第一个旋流分离器专利，此后，旋流分离器在各个领域均得到了很好发展[28]。1914 年，旋流分离器正式应用于磷肥工业生产；20 世纪 30 年代后期，应用于纸浆水处理行业；1953 年，Van Rossum 将旋流分离器用于脱除油中水分等。20 世纪 60 年代，Smisson[29] 在英国建造了第一代流体动力旋流分离器，之后第二代、第三代流体动力旋流分离器随之开发。20 世纪 60 年代以后，人们开始将旋流器用于试验设备以及其他更广泛的工业领域，主要包括矿冶行业、化学工业、空间技术、机械加工行业、电子工业、生物化学工程、食品与发酵工业以及石油工业等，其主要作用为颗粒分级、矿物质回收、固液萃取、液液萃取以及其他两相或三相分离等。从 20 世纪 80 年代起，旋流分离器的研究和推广应用逐步得到越来越多科技工作者的青睐，英国流体力学研究会（British hydromechanics research association，BHRA)[30] 发起旋流分离器国际学术研讨会更是旋流分离器发展到极致的一个标志。20 世纪 80 年代中后期，德国相关研究人员[31] 对流体动力旋流分离器进行了降低高流量紊流扰动的研究，并最终形成了德国版本的流体动力旋流分离器（FluidSepTM）。随着 20 世纪 80 年代以来的发展和商业化[32-35]，流体动力旋流分离器已经成为欧洲、北美、日本进行试验性能评价的主要研究内容之一。这些性能评价主要包括入流颗粒物的粒径、密度、沉降性能等方面，强调了污水特性与设施处理效果之间的联系及重要性。国外学者[36] 在旋流分离装置内部构造对去除率和水力停留时间的影响方面进行了一定的研究，近年来计算流体力学逐渐成为现代旋流分离器设计和优化的基本理论。但是由于对装置缺乏正确认识以及监测、安装和分析方法存在偏差，有关旋流分离器效果的研究中存在一些误区，如水头损失的计算和处理效果评价。

在我国，对旋流分离器的研究起源于 20 世纪 90 年代，迄今已经在矿物加工、化工、石油、环保及纺织与染料等众多工业部门得到广泛应用，如废水的澄清和浓缩处理，近年来还用于高浊度河水的预处理，以代替庞大的预沉池[37]。同时，分离过程模拟和理论研究也有较大的突破，如褚良银等[38] 提出的溢流分离理论、王光风等[39] 推导出的内旋流分离模型以及任熙[40] 提出的锥段分离模型等，目前科技学者正热衷于多相分离旋流分离器的开发和研究。但是能耗、运行及维护等方面的问题，限制了水力旋流器在雨水径流处理中的研究和应用。

1.4.3 旋流分离技术在水处理中的应用

通过一系列源头、中端、末端控制措施，可以实现对排入水体的径流雨水的净化，达到对雨水的有效控制利用。而生物滞留设施和湿地、湿塘及其他的渗透设施等雨水处理设施面临着颗粒污染物堵塞导致渗透能力降低以及一些处理设施土壤板结等问题，需要通过一些预处理措施加以解决。加之初期雨水具有径流流量大、冲击性强、污染负荷高、所含固体颗粒物粒径较小等特点[41]，用其他方式难以达到低成本、高效率的处理效果。旋流过滤分离技术作为一种能有效分离径流雨水中颗粒物的实用技术，在国外得到了广泛的应用。目前国内应用于径流雨水控制的旋流分离技术还处在起步发展阶段，利用旋流分离技术还比较少。

在国外，20 世纪 90 年代初期，流体动力旋流分离器的应用范围开始涉及合流管线的水质控制措施、雨水处理及废水处理等，90 年代末广泛应用于全球范围的雨水合流管道和污废水管道处理。应用于雨水处理领域的流体动力旋流分离器大多配置了小型泥沙储存池，提供一个独立储存区用于收集颗粒物及其黏附物质。至今，流体动力旋流分离器的构造形式已经十分丰富，并正在向着与滤层过滤、土壤过滤技术相结合的多功能集成化方向发展。在国外，常规的水力旋流器主要是利用水力旋流技术，随着水力旋流技术的不断发展完善，逐渐出现了水力旋流与过滤和反冲洗相结合的设施，具有代表性的装置有 Up - Floth Filte、Aqua - FilterTM、the Storm King Overflow with Swirl - CleanseTM、HydrovexTM FluidSep 等。目前的产品中，分别带有虹吸设计和过滤装置的产品各有千秋，但是尚未发现有将虹吸反冲洗与过滤结合在一起的水力旋流分离器。两者的集成与优化设计由于其本身的过滤效果及能实现自动反冲洗而将成为水力旋流分离器的一大发展趋势[42]。

我国关于水力旋流器应用于暴雨径流处理的研究较少。2002 年，清华大学申请了多功能复合型固-液旋流分离器的专利，该专利是为数不多的可用于雨水径流固体悬浮物或固态氮磷净化处理，并作为雨污合流制污水处理厂的雨水期前置预处理以及石油泥沙分离处理的旋流分离措施。其具有导流、阻隔分离与旋流分离的多重功能，对于粒径在 $30\mu m$ 以上的固体颗粒有很高的去除率，可达 65% 左右，对于粒径为 $10\sim30\mu m$ 的固体颗粒也有明显的去除效果[43]。2008 年，江苏大学在对长江流域镇江段的暴雨径流污染特征进行充分调研的基础上，通过试验和模拟分析，研究了旋流分离技术应用于暴雨径流污染控制的可行性，根据相关理论设计出一套适合试验区域的水力旋流器[44]。该装置在实测中发现，SS 去除率随着流速的上升而上升，在流速较大时可高达 75%，总氮、总磷去除率随时间的变化不是很大。总体来说，此种旋流分离器对 SS、浊度、COD 的去除率较高，对

TP 有一定的去除率,对暴雨径流污染可以取得较好的控制效果。该水力旋流器是无动力式旋流分离器,即流体动力旋流分离器,为流体动力旋流分离器在国内雨水径流处理中的应用提供了一个更为明确、可行的研究方向[28,45]。靳军涛等[44] 根据城市道路雨水径流瞬时汇集量大、污染负荷高的特征,设计了初雨储存和旋流过滤相结合的快速处理工艺,结果表明旋流器主要去除 SS,同时对 COD、TN、TP 有一定的去除作用。潘振学等[45] 利用传统的旋流分离技术和复合流场旋流分离技术来实现雨水径流中固体颗粒物的去除,最佳去除率可达 80% 以上,对城市雨水径流污染物控制起到较好的效果。

旋流分离器之所以在雨水处理中应用,是因为在常规的雨水预处理设施中,水力旋流除砂器[46] 与雨水澄清池、沉砂池、雨水停留池、沉淀器和浮渣分离器等相比具有明显的优势:结构简单,体积小,占地少,处理能力强,效率高,几乎不需要维护和附属设备,且旋流除砂器内部产生不同的速度梯度,存在较高的剪切力,促使颗粒相互碰撞聚集,有利于固液分离、固相颗粒分级与洗涤[47]。在人工生态截污系统前设置水力旋流除砂器可有效地去除集雨水中的大颗粒杂质,如砂粒、悬浮物等,为后续处理降低了污染负荷[48]。

1.4.4 三种雨水径流分离技术简介

1. 太极流快速净化技术

雨污涡流分离技术主要根据离心沉降和密度差分原理设计而成,其使水流等在设备内旋转,产生离心场,利用物体间的密度差异及离心力等的作用,达到水体与污染物分离的效果。

初期雨水截污装置——太极流快速净化设备是先进的水力旋流分离装置,结构如图 1.1 所示。受污染雨水通过排水篦子或进水管进入进水槽,进水槽将水流切向导入工作腔,建立一个低能量旋流区域,油脂、漂浮物等上浮至水面的同时,沉积物直接进入收集井,处理后的水通过浸没式排水槽形成与进水方向相反的螺旋形流动,从而保证在进出口之间的污染物有最长的停留时间。其工作原理是经地表格栅或入水管收集被污染的雨水,经过入水引导槽切向进入容腔内部 [图 1.1 (a)]。水流形成的旋流将固体污物引导到容腔底部的污物坑 [图 1.1 (b) 所示沉淀区],油污及漂浮物升入液体表面 [图 1.1 (b) 所示油污区]。经过过滤的水通过容腔侧壁的出水槽进入出水管道 [图 1.1 (b) 所示出水方向],从而保证螺旋流水在容腔内部停留足够长时间,使旋流分离达到最佳效果。污水快速经过容腔内部减少了扰流,同时有效防止了沉淀污物再次被水流带走。容腔的内部结构极少会使进入的水流直接从出水槽流出,减少了外部水流控制带来的成本。漂浮污物可被直接分离出去,保证进入出水槽水流的质量。

太极流快速净化技术主要用于雨水径流预处理,能有效地去除来自地表径流的悬浮颗粒物、垃圾和有机物,并且不会将已收集的污染物重新冲入到管道中。设备适用流量范围广,去除率高,水头损失小,结构紧凑,占地面积小,为处理非点源污染提供了经济的解决方案。

2. 双旋流快速净化技术

初期雨水截污装置——双旋流快速净化设备是先进的水力旋流分离装置,结构如图 1.2 所示。它是一个复杂的在低能量旋转力区域增加重力分离的水力学过程,在水力旋转时,双旋流快速净化装置的内部构造能够利用旋流的能量最大程度地增加分离时间。其工

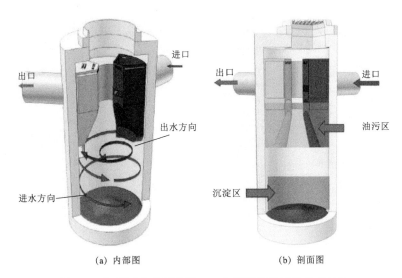

(a) 内部图   (b) 剖面图

图 1.1　初期雨水截污装置——太极流快速净化设备结构

作原理是，雨水进入双旋流快速净化装置内部容腔，在产生的旋流围绕下，螺旋离心结构旋转，以分离沉淀物进入入水方向（图 1.2）。漂浮在污水表面的油污、悬浮物及其他固体残渣被旋流分离停留在油污区。初次过滤的水流继续螺旋下降，未被处理的沉淀物被水流带入下方的沉淀区。已处理的水流被引入水井中心，围绕中心离心圆柱缓慢螺旋攀升至出水口直至被排出，保证了水流有足够的驻留时间。双旋流快速净化技术的旋流分离过程在加强水流的同时，还保证了污染物能被高效分离，并能稳定出水的流速及流向。

3. 连续偏转技术

连续偏转装置为采用连续偏转技术的雨污收集装置，该装置的关键是连续偏转技术，它是使液体中的悬浮固体颗粒等从液体中分离出来的新技术。第一代雨污收集装置的分离构件是重力沉降池，分离效率较低；第二代雨污收集装置的分离构件是直通拦污栅，容易堵塞；第三代采用非直通格栅，有效避免了格栅的堵塞，无论水流条件如何，它都能捕捉并接近100%地圈套住固体污染物。第三代连续偏转技术（以下所述均指第三代连续偏转技术）采用

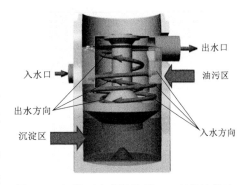

图 1.2　初期雨水截污装置——双旋流快速
净化设备结构

的非直通格栅能够圈套住非常小的污染物，这种特别的格栅能使流动液体夹杂着固体颗粒始终以特定的方向在格栅隔离的空腔内流动。格栅在固体流动的方向没有任何孔口，当固体颗粒接触格栅时，格栅能够反弹大于 0.1mm 的颗粒，使之离开格栅，因而固体颗粒不能穿过格栅，并且能有效地避免格栅的堵塞等问题，固体始终被圈套在内部空腔内。同时，液体可以在压力作用下从格栅的孔口流出，实现分离/过滤固体的作用。所以无论在什么污染水流条件下，连续偏转技术都能有效地圈套住水体中的污染物。连续偏转设备结构如图 1.3 所示。

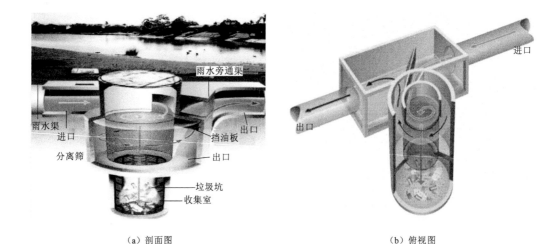

（a）剖面图　　　　　　　　　　　（b）俯视图

（c）外观

图 1.3　初期雨水截污装置——连续偏转设备结构

　　连续偏转装置可应用于雨水径流中 SS、垃圾碎片、浮油等污染物的分离。雨水径流在进入连续偏转装置后，在分离筛的引导下，水流进入分离室，同时污染物被移开。分离室和控制室由下方的污水坑和上部的分离部分组成。总污染物被一个带孔金属板分离，且允许过滤后的水穿过一个螺旋返回系统，并传送到出水管道。在进水能量的作用下，水流和总污染物继续在分离室中得到处理。这种方式致力于防止分离板被污染物阻塞，同时保证较重的固体最终下沉到控制室。

　　连续偏转装置内几乎没有污染物通过格栅，避免了堵塞，而且污染物离线存储，捕捉到的污染物保持被圈套住的状况，不会再丢失，格栅区域没有污染物。连续偏转装置采用自清洁格栅，可以连续工作，很少需要维护；没有活动需要构建，不需要动力；用耐久的材料建造，寿命至少有 50 年；预制混凝土或不锈钢盖板，地面可以是路面交通地面；处理水量大，可以根据集水区域大小安装合适规格的装置，适用于河道、管网、各种排水管径和多个管道。很多国家都已经安装连续偏转分离装置，以减少进入河流系统的总污染物，但在全球范围内，很少有关于连续偏转分离装置的研究。国外有专家在马来西亚 Kemensah 河的排水系统中安装了多个连续偏转装置，进行了连续偏转装置消减固体污染物的影响分析，指出连续偏转装置的性能受安装地点的土地利用类型、水文状况、居民区密集程度、排水区规模等的影响。所以，在应用连续偏转技术之前，很有必要对连续偏转装置的性能进行进一步的试验研究。

1.5 研 究 内 容

针对雨水径流污染现状，本书在调研雨水径流污染治理国内外先进技术的基础上，研究了国外广泛应用的旋流分离技术对雨水径流污染的削减效果，通过小试试验研究了旋流分离技术的作用原理，通过中试试验研究了国外设备的去除效果及主要参数特征，在上述研究的基础上，建立仿真数学模型，结合天津市水质特点对设备进行了改进，并对改进设备进行了示范试验。结合示范应用，研究分析了该技术与其他技术的组合工艺以及推广应用领域，主要研究内容如下：

（1）初期雨水截污装置太极流快速净化技术研究与应用。针对太极流快速净化技术特征，开展了小试试验和中试试验研究；通过调节进水水质，研究了引进设备的主要性能，分析了不同流量、不同颗粒物粒径、不同进水浓度对去除效果的影响，研究了不同工况条件下设备运行过程中产生的水头损失，并分析了影响设备运行水头损失的主要因素；基于 Fluent 软件，建立了太极流快速净化设备仿真数学模型，并验证了模型的准确性。

（2）初期雨水截污装置双旋流快速净化技术研究与应用。针对双旋流快速净化技术特征，开展了小试试验和中试试验研究；基于设备仿真数学模型，结合天津市雨水径流污染及其入河污染特征，对设备进行了结构改造；在天津市河北区盐坨桥和仓联庄泵站出水口，建立了应用示范工程一处，试验监测了设备对仓联庄泵站及盐坨桥泵站排水处理效果，并分析了设备应用的主要特征。

（3）连续偏转技术研究与应用。针对由澳大利亚引进的连续偏转技术特征，开展了示范试验研究，通过调节进水水质，研究了引进设备的主要性能；开展了应用示范研究，监测了设备对泵站的排水处理效果，并分析了设备应用的主要特征；基于设备仿真数学模型，结合天津市雨水径流污染及其入河污染特征，对设备进行了结构改造，并将其加工成小试装置，进行了试验验证；将连续偏转技术与磁絮凝技术结合起来，研究了两种技术联用对入河污染的去除效果；基于设备主要性能参数及示范应用研究，结合连续偏转技术及磁絮凝技术联用试验，分析了该技术在不同水环境治理领域应用的可行性。

第2章 初期雨水截污装置太极流快速净化技术研究与应用

本章根据国外应用比较广泛的初期雨水截污装置太极流快速净化技术特征，通过开展小试试验、中试试验，研究了不同进水流量、不同进水污染物粒径及不同污染浓度等对处理效果的影响，并分析了设备运行过程中水头损失变化规律；开展了数值模型分析研究，为该技术的应用奠定了基础。

2.1 太极流快速净化小试试验研究

2.1.1 试验装置

本书设计并制作了太极流快速净化小试试验装置，设计如图2.1所示。

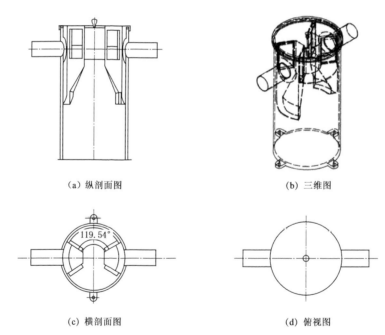

(a) 纵剖面图　　　　　　　　　　(b) 三维图

(c) 横剖面图　　　　　　　　　　(d) 俯视图

图2.1　太极流快速净化小试试验装置设计

2.1.2 试验工艺流程

1. 工艺设计

太极流快速净化小试试验装置试验工艺流程如图2.2所示。图中阀门用于控制流量，试验开始后记录流量与设备前后水头压力，同时按照一定比例在加砂口加入砂子，在设备进出水口进行采样，每组样品采集 3 个平行样，试验现场布置如图 2.3 所示。

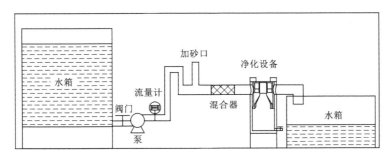

图 2.2　太极流快速净化小试试验装置试验工艺流程

图 2.3　试验现场布置图

2. 试验用水及材料

试验用水为模拟配水，配水的主要成分为自来水与一定比例的石英砂，所用的石英砂购买于河北省灵寿县健石矿物粉体厂，其主要成分为二氧化硅（SiO_2），密度约为 2.6g/mL。由于试验的要求，对购买的石英砂进行粒径筛分，得到不同粒径的石英砂，石英砂粒径及加入方法见表 2.1。

表 2.1　　　　　　　　　　　石英砂粒径及加入方法

目数/目	粒径/μm	平均粒径/μm	加入方法
≥800	≤18	10	蠕动泵加入
400～500	38～25	32	蠕动泵加入
270～300	53～48	51	蠕动泵加入
180～230	80～62	71	蠕动泵加入
150～160	106～96	101	蠕动泵加入
115～160	125～106	116	蠕动泵加入
90～115	160～125	143	沙漏加入
70～80	212～180	196	沙漏加入
45～50	325～270	298	沙漏加入
35～40	425～380	403	沙漏加入

注：为了方便数据处理分析，采用平均粒径进行分析。

2.1.3 试验分析方法

1. 砂子浓度的控制方法

石英砂的加入方法详见表 2.1。

（1）小粒径石英砂浓度控制方法。试验过程中，按照试验设计的比例将石英砂加入自来水中，利用搅拌器将其搅拌均匀。通过调节蠕动泵流量的大小，把石英砂悬液通过泵加入到进水管道中。目标浓度的计算公式为

$$C = \frac{\frac{1000m}{V} \times \frac{q}{60}}{\frac{5Q}{18}} = \frac{60mq}{VQ} \tag{2.1}$$

式中　C——目标浓度，mg/L；

m——砂子的质量，g；

q——蠕动泵流量，mL/min；

V——配砂子水的体积，L；

Q——设备进水流量，t/h。

（2）大粒径石英砂浓度控制方法。试验过程中，利用沙漏控制大粒径石英砂加入量，采用不同口径大小的漏嘴控制不同粒径砂子的流量。在试验的过程中，为了避免漏嘴堵塞造成沙漏流量与试验要求不符，开展总量校准试验，使沙漏漏出的砂子总量与水流流出总量相差不大于 5% 时，目标浓度的计算为

$$C = 60\frac{Q_1}{Q} \tag{2.2}$$

式中　C——目标浓度，mg/L；

Q_1——砂子在漏斗内的流量，g/min；

Q——设备进水流量，t/h。

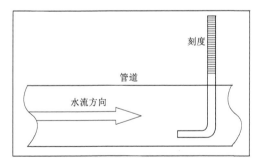

图 2.4　压力测定装置

2. 设备运行产生的水头压测定

为了测量设备运行过程中产生的水头损失，在设备进水处和出水处设置了总压力测定装置，通过读取进口处、出口处的总压力数据，确定设备在不同运行工况情况下的水头损失，压力测定装置如图 2.4 所示。

3. 去除率计算方法

试验过程中，由于石英砂悬浮物浓度测定存在非常大的误差，为此在整个试验过程中，出水样品取三个平行样，对三个样品都进行测定，将测定后的数据去除一个最偏离中心值的数据，另外两个样品值取平均进行数据分析，得到的数值即为出水浓度。设备的去除率计算方法为

$$\eta = \frac{C - C_0}{C} \times 100\% \tag{2.3}$$

式中 η——去除率,%;

C——目标浓度,mg/L;

C_0——出水浓度,mg/L。

2.1.4 太极流快速净化小试试验装置试验结果分析

1. 进水污染物浓度对太极流快速净化小试试验装置去除率的影响分析

为研究进水浓度对设备去除效果的影响,选择平均粒径为 $71\mu m$ 的石英砂进行试验,控制水流流量为 0.5L/s,去除率如图 2.5 所示。

由图 2.5 可以看出,随着水体中石英砂浓度的提高,太极流快速净化小试试验装置对石英砂的去除率变化不明显,表明对于含有相同粒径污染物的水体,太极流快速净化小试试验装置去除效果受进水浓度的影响较小。

2. 进水污染物粒径对太极流快速净化小试试验装置去除率的影响分析

试验粒径分别为 $10\mu m$、$32\mu m$、$51\mu m$、$71\mu m$、$101\mu m$、$116\mu m$、$143\mu m$、$196\mu m$ 和 $298\mu m$。试验流量分别为 0.25L/s、0.5L/s、0.75L/s 和 1L/s。

(1)当进水流量为 0.25L/s 时,不同进水污染物粒径对设备去除效果的影响。本试验控制进水流量为 0.25L/s,通过蠕动泵和沙漏等加入不同粒径的石英砂,同时采集进出水水样样品,去除率如图 2.6 所示。

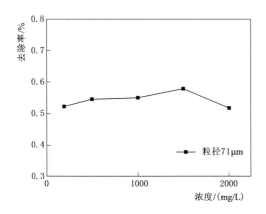

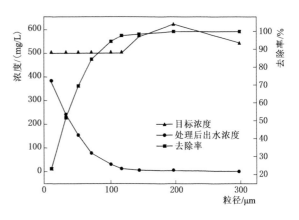

图 2.5 太极流快速净化小试试验装置在
不同浓度条件下的去除率

图 2.6 太极流快速净化小试试验装置在
0.25L/s 进水流量条件下对不同粒径
污染物的去除率

由图 2.6 可以看出,太极流快速净化小试试验装置的去除率随着进水污染物粒径的增大而提高。当粒径小于 $71\mu m$ 时,去除率随着粒径的增大而提高明显。当粒径大于 $71\mu m$ 且小于 $143\mu m$ 时,去除率随着粒径的增大而提高缓慢,去除率为 85%~98%;当粒径大于 $143\mu m$ 时,去除率随着粒径的增大而提高不明显,去除率达到 98% 以上,表明流量为 0.25L/s 时,太极流快速净化小试试验装置去除污染物的临界粒径约为 $116\mu m$。当污染物粒径小于临界粒径时,太极流快速净化小试试验装置对污染物的去除率受粒径影响较大;当污染物粒径大于临界粒径时,太极流快速净化小试试验装置对污染物的去除率影响较小。

（2）当进水流量为 0.5L/s 时，不同进水污染物粒径对设备去除效果的影响。本试验控制进水流量为 0.5L/s，通过蠕动泵和沙漏等加入不同粒径的石英砂，同时采集进出水水样样品，去除率如图 2.7 所示。

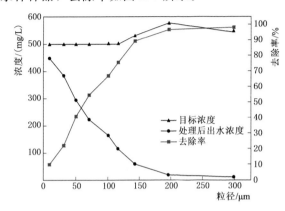

图 2.7　太极流快速净化小试试验装置在
0.5L/s 进水流量条件下不同粒径
污染物的去除率

由图 2.7 可以看出，太极流快速净化小试试验装置对水中污染物的去除率随着污染物粒径的增大而提高。当粒径小于 196μm 时，太极流快速净化小试试验装置对水体中污染物的去除率随着粒径的增大而快速提高；当粒径大于 196μm 时，太极流快速净化小试试验装置的去除率随着粒径的增大而提高的速度减小。太极流快速净化小试试验装置对水体中粒径大于 143μm 的污染物去除率大于 85%。当粒径大于 196μm 时，去除率大于 98%，但是太极流快速净化小试试验装置去除率随着粒径的增大而

提高的趋势变缓，去除率差值约为 1%。上述试验结果表明，当流量为 0.5L/s 时，太极流快速净化小试试验装置去除污染物的临界粒径约为 196μm。当污染物粒径小于临界粒径时，太极流快速净化小试试验装置对污染物的去除率受粒径影响较大；当污染物粒径大于临界粒径时，太极流快速净化小试试验装置对污染物的去除率影响加较小。

（3）当进水流量为 0.75L/s 时，不同进水污染物粒径对设备去除效果的影响。本试验控制进水流量为 0.75L/s，通过蠕动泵和沙漏等加入不同粒径的石英砂，同时采集进出水水样样品，去除率如图 2.8 所示。

由图 2.8 可以看出，太极流快速净化小试试验装置对水中污染物的去除率随着石英砂粒径的增大而提高。去除率随粒径的增大而提高的速度越来越慢，当粒径为 50~100μm 时，去除率-粒径关系曲线出现拐点。当污染物粒径大于 143μm 时，去除率大于 80%。当污染物粒径大于 196μm 时，去除率大于 90%。当污染物粒径为 298μm 时，去除率为 99%。

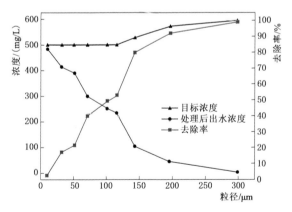

图 2.8　太极流快速净化小试试验装置在
0.75L/s 进水流量条件下不同粒径
污染物的去除率

（4）当进水流量为 1 L/s 时，不同进水污染物粒径对设备去除效果的影响。本试验控制进水流量为 1L/s，通过蠕动泵和沙漏等加入不同粒径的石英砂，同时采集进出水水样样品，去除率如图 2.9 所示。

当流量超过 1L/s 时，设备开始溢流。由图 2.9 可以看出，太极流快速净化小试试验装置的去除率随着进水污染物粒径的增大而提高。当粒径为 71～101μm 时，去除率-粒径关系曲线出现拐点。当污染物粒径为 71μm 时，太极流快速净化小试试验装置去除率为 40%。当污染物粒径大于 196μm 时，太极流快速净化小试试验装置去除率大于 90%。

（5）粒径对太极流快速净化小试验装置去除率的影响分析。上述试验结果表明，当流量为 0.25L/s、0.5L/s、0.75L/s 和 1L/s 时，太极流快速净化小

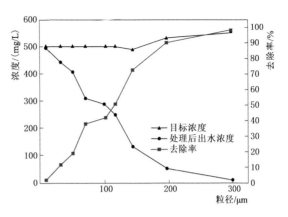

图 2.9　太极流快速净化小试试验装置在
1L/s 进水流量条件下不同粒径
污染物的去除率

试试验装置对污染水质的去除率随着污染物粒径的增大而提高，且存在临界粒径。对于粒径小于临界粒径的污染物，太极流快速净化小试试验装置的去除率随着粒径的增大而提高较为明显。当污染物粒径大于临界粒径时，太极流快速净化小试试验装置的去除率随粒径的增大而提高不明显。其主要原因为，水体以一定的流速进入太极流快速净化小试试验装置后形成旋流，使污染物的流动向量发生改变，污染物在离心力和重力的作用下从水体中分离出来。污染物粒径越大，受到的离心力和重力越大，就越容易从水流中分离出来。

3. 进水流量对太极流快速净化小试试验装置去除率的影响分析

根据预试验结果，当流量为 0.6L/s 时，太极流快速净化小试试验装置发生溢流，因此进水流量工况设置为 0.25L/s、0.5L/s、0.75L/s 和 1L/s，以对比研究不发生溢流和发生溢流两种情况的处理效果。不同进水流量条件下的去除率如图 2.10 所示。

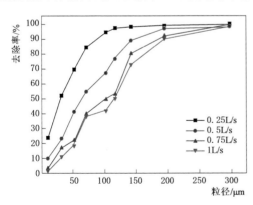

图 2.10　太极流快速净化小试试验装置
在不同进水流量条件下的去除率

由图 2.10 可以看出，同一粒径的石英砂，随着流量的增大，太极流快速净化小试试验装置的去除率会降低。例如 101μm 的石英砂，流量为 0.25L/s 时，设备的去除率为 93.7%，流量为 0.5L/s 时，去除率为 67.4%，流量为 0.75L/s 时，去除率为 49.6%，流量为 1L/s 时，去除率为 42.1%，随着流量的增大，去除率之间的差值依次为 26.3%、17.8% 和 7.5%，差值逐渐减小。进水流量不同时，相同粒径污染物的去除率之间的差值随着石英砂粒径的增大，均有逐渐减小的趋势。在设备未发生溢流的情况下（流量为 0.25L/s 和 0.5L/s 时），太极流快速净化小试试验装置对试验用任一粒径污染物的去除率都是随着流量的增大而大幅度降低。而在设备发生溢流的情况下（流量为 0.75L/s 和 1L/s 时），降幅很小，说明在流量超过设备的过流流量 0.6L/s 时，太极流快速净化小试试验装置对同

一粒径污染物的去除率影响较小。

由进水污染物粒径对太极流快速净化小试试验装置去除率的影响分析结果可以看出，在流量为 0.25L/s 时，太极流快速净化小试试验装置去除污染物的临界粒径为 116μm，流量为 0.5L/s 时，临界粒径为 196μm，而流量为 0.75L/s 和 1L/s 时，临界粒径均为 298μm。这说明在未发生溢流的情况下，随着流量的增大，太极流快速净化小试试验装置去除污染物的临界粒径逐渐增大，但在溢流情况下，流量对临界粒径的大小没有影响。

太极流快速净化小试试验装置对污染物的去除率随流量的加大而降低，这是因为当流量较小时，水体在设备的流场非常稳定，该特点有利于水体中污染物的沉降。同时在小流量的情况下，水体在设备内的停留时间非常长，大大增加了设备对水体中污染物去除的反应时间，使得水体中污染物的去除率较高。当流量增大时，会迅速减少水体在设备内的水力停留时间，同时流量的增加会在一定程度上使得水体在设备内的流场非常不稳定，从而进一步降低设备对水体中污染物的去除率。

随着流量的增大，太极流快速净化小试试验装置的去除率随粒径的增大而提高的趋势变缓，产生这种现象的原因是：流量的增大，使得太极流快速净化小试试验装置所要去除的水体中污染物的粒径逐渐增大，随着流量的增大，流场稳定性降低，此时太极流快速净化小试试验装置随着粒径的增大，其去除率变化没有小流量条件下的去除率变化快。超过太极流快速净化小试试验装置过流流量 0.6L/s 时，去除率随粒径变化的曲线出现波动，这也是流场不稳定引起的。流量为 0.75L/s 和 1L/s 时的粒径-去除率变化相差较小，这是由于超过设备过流能力的水溢出，进入太极流快速净化小试试验装置的水体总量是一样的，所以去除率接近。

利用 Origin 软件对不同进水流量条件下的去除率进行拟合，发现不同进水流量条件下的砂子去除率与粒径有着非线性相关性，得到非线性公式为

$$y = \frac{A_1 - A_2}{1 + \left(\dfrac{x}{x_0}\right)^p} + A_2 \tag{2.4}$$

式中　y——去除率；

A_1、A_2——常数；

x——粒径变量，μm；

x_0——粒径常数；

p——指数常数。

太极流快速净化小试试验装置参数值见表 2.2。

表 2.2　太极流快速净化小试试验装置参数值

流量/(L/s)	A_1	A_2	x_0	p	残差平方和	R^2
0.25	20.8556	101.5991	40.7659	2.3434	14.9120	0.9958
0.5	8.9026	106.4805	75.6581	2.0213	52.7931	0.9897
0.75	5.2530	116.6415	115.175	2.0122	207.3199	0.9642
1	2.7621	118.9657	125.5168	1.9916	189.5564	0.9678

由表 2.2 可以看出，当流量一定时，设备的去除率与粒径都有着很好的相关性，R^2 都大于 0.9，并且可以发现，随着流量的增大，R^2 值偏离 1 越多，这主要是因为：当流量增大时，设备的紊流程度就大，流场稳定性较差，设备的去除效果受到的影响因素相对复杂，所以此时去除率与粒径的相关性在降低。太极流快速净化小试试验装置在不同进水流量条件下的拟合曲线如图 2.11 所示。这进一步证明，设备的去除效果与粒径大小关系密切。

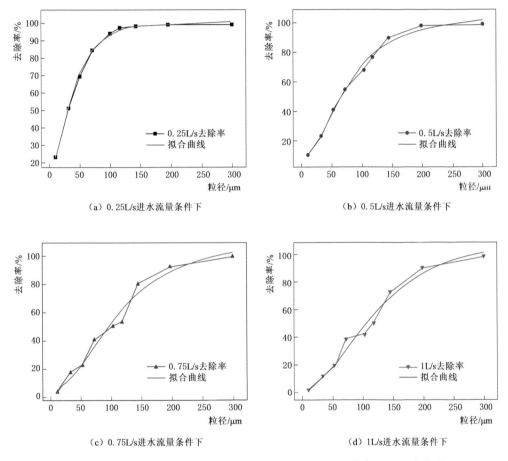

图 2.11　太极流快速净化小试试验装置在不同进水流量条件下的拟合曲线

太极流快速净化小试试验装置在不同进水流量条件下的残差分布如图 2.12 所示。随着流量的增大，残差偏离真实值相对较大，离散程度也相对较大，产生这种现象主要是因为：当流量较大的时候，其流场相对不稳定，紊流的状态时有发生，这严重影响其相关性，这也很好地解释了随着流量的增大其 R^2 值不断减小的现象。

4. 粒径-流量与太极流快速净化小试试验装置去除率的关系

根据污染物粒径、流量对太极流快速净化小试试验装置去除率影响试验的结果，作粒径-流量-去除率三维曲面图（图 2.13）。

从粒径-流量-去除率三维曲面图可以看出，去除率的大小和粒径、流量有关，使用 1stOpt 软件，采用麦夸特法＋通用全局优化法进行拟合，得到的非线性关系式为

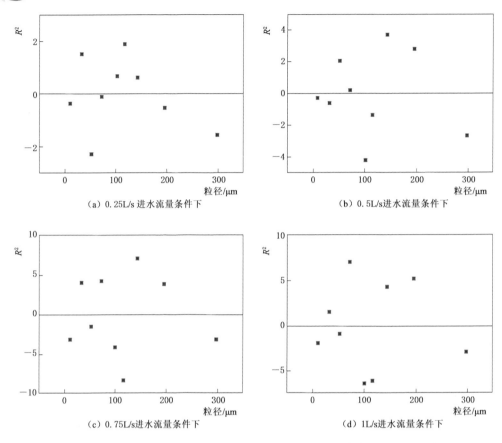

（a）0.25L/s进水流量条件下　　　　　　　　（b）0.5L/s进水流量条件下

（c）0.75L/s进水流量条件下　　　　　　　　（d）1L/s进水流量条件下

图 2.12　太极流快速净化小试试验装置在不同进水流量条件下的残差分布

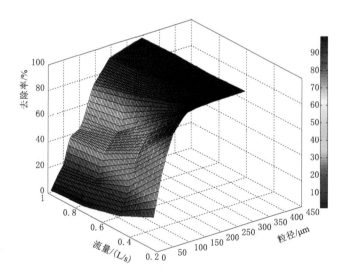

图 2.13　粒径-流量-去除率三维曲面图（太极流快速净化
小试试验装置）

$$E = \frac{P_1 + P_2 d + P_3 d^2 + P_4 d^3 + P_5 Q}{1 + P_6 d + P_7 d^2 + P_8 Q}, R^2 = 0.9818 \tag{2.5}$$

式中 E——去除率,%;

     d——粒径,μm;

     Q——流量,L/s;

$P_1,P_2,\cdots,P_8$——系数,取值见表2.3。

表2.3   系数取值(太极流快速净化小试试验装置)

系数	值	系数	值
P_1	3.22343142229254E15	P_5	−2.57498843730599E15
P_2	13343600918086.8	P_6	−1015685385371.03
P_3	3459138878070.31	P_7	40903676966.6988
P_4	1979221462.99676	P_8	504223019892780

5. 进水流量对太极流快速净化小试试验装置压头损失的影响

在试验过程中,针对不同进水流量条件下的试验,分别记录太极流快速净化小试试验装置进水管与出水管的压差(以 H_2O 计),压头损失如图2.14所示。

由图2.14中可以看出,太极流快速净化小试试验装置的压头损失随着进水流量的增大而增大,并可以看出在流量由0.75L/s增大到1L/s时,其压头损失变化相对平缓,产生这种现象主要是因为:在流量为0.75L/s时,设备已经产生溢流,从而减少了压头损失的增加;当流量继续增加时,由于出水口径一定,排水口的排水不够通畅,只有以增加压头损失的形式来保证大流量情况下的排水,所以此时随着流量的增大,压头损失的增大又相对迅速上升。

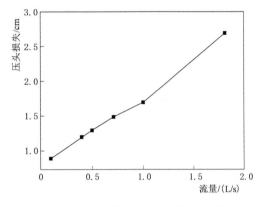

图2.14　太极流快速净化小试试验装置在不同进水流量条件下的压头损失

压头损失 ΔP 与流量 Q 的拟合关系式为

$$\Delta P = 0.1338 Q^2 + 0.781 Q + 0.8494, R^2 = 0.9961 \tag{2.6}$$

2.2　太极流快速净化中试试验研究

2.2.1　中试试验示范场

1. 中试试验示范场位置

中试试验示范场在外环河兰湖试验基地内,地理位置位于天津市的西南面,靠近外环西路与秀川路交接口,在外环河的西南侧,津涞公路的北面,详细的地理位置如图2.15所示。

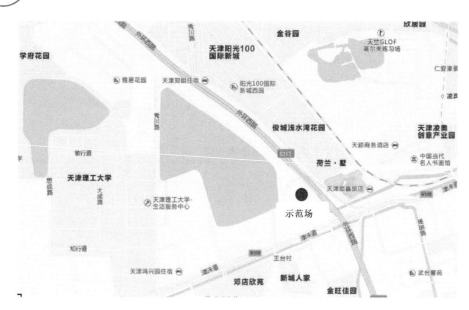

图 2.15　外环河示范场地理位置

2. 中试试验示范场平面布置设计

试验场地的布置上，充分利用试验基地内的现有空地及设施，主要是利用试验基地内的人工湿地，使其达到试验过程中所需的水质净化功能，这样不仅能保证试验设备进水中污染物的浓度较低，而且保证了试验进水的水质稳定。中试试验示范场地平面布置示意图如图 2.16 所示。

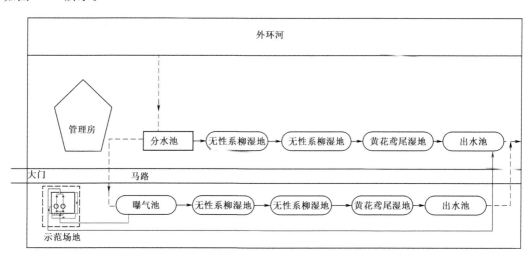

图 2.16　中试试验示范场地平面布置示意图

2.2.2　中试试验方案

1. 中试试验设备

太极流快速净化装置直径为 1.219m，峰值流量为 170L/s，对污水的最大处理流量为 20L/s。

22

2. 中试试验工艺方案

该试验对进水污染物要求较高,把湿地的出水作为示范试验的进水,同时考虑到节约用水,经过设备后的出水经过湿地净化后又作为试验用水,实现水资源的循环利用。太极流快速净化中试试验装置示范工艺流程示意图如图 2.17 所示。

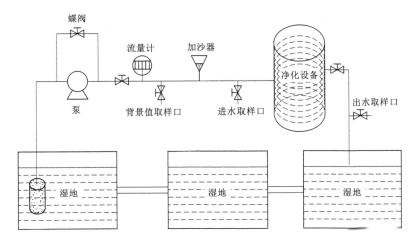

图 2.17　太极流快速净化中试试验装置示范工艺示意图

3. 中试试验研究方案

(1) 流量控制方案。流量主要是通过五个阀门的闭合大小来进行控制的,设备是通过泵流来进水的。流量控制结构示意图如图 2.18 所示,图中泵 1 是 D300 大流量泵（流量范围为 $600\sim1000\text{m}^3/\text{h}$）,泵 2 是 D150 小流量泵（流量范围为 $100\sim200\text{m}^3/\text{h}$）。泵开启前一定要保证阀门 2 处于打开状态,阀门 2 相当于慢关阀,可以起到消压的作用,避免管道产生水锤现象。

当试验需求的流量较小且小流量泵 2 能满足要求时,关闭阀门 1、阀门 3,启动泵 2,慢慢关闭阀门 2,通过调节阀门 5 的闭合大小来控制流量。当试验需求的流量较大时,关闭阀门 4,启动泵 1,慢慢关闭阀门 2,通过调节阀门 3、阀门 5 来控制流量大小。

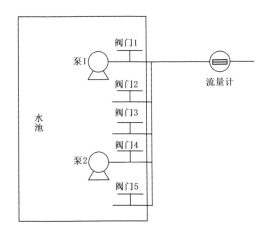

图 2.18　流量控制结构示意图

试验过程中发现流量较难一直处于绝对的稳定状态,难以 100% 达到要求的流量。为此试验过程中,对进水流量进行调节,使其接近试验要求的流量。在接近试验要求的流量且流量相对比较稳定的情况下才开始试验,并且对流量计每隔 1min 计 1 次数,当发现流量突然变大或变小时,应该停止试验,查找原因或者等流量恢复稳定后才继续试验。

（2）砂子浓度控制方法。试验过程中砂子浓度的控制方法与小试试验的控制方法一样，详见 2.1.3 小节。

（3）试验压头损失测量方法。试验过程中，压头损失主要是考察总压的损失，为此在设备的进出口加入总压测定装置，其原理与读数方法跟小试试验一样，详见第 2 章 2.1.4 小节。

（4）去除率计算方法。中试试验示范设备的去除率不同于小试试验，由于示范设备进水中含有一定量的背景值，为此在数据分析的过程中须考虑背景浓度值。通过前期的采样测定发现，示范设备进水的背景浓度不是很高，同时设备对进水中背景污染物的去除率特别低，为了整体数据处理的方便，对示范过程中采集到的出水背景浓度求平均值，得到的数值用 C_1 表示，此时设备的去除率计算方法为

$$\eta = \frac{C - (C_0 - C_1)}{C} \times 100\%$$　　　　　(2.7)

式中　η——去除率，%；

　　　C——目标浓度，mg/L，计算方法详见式（2.1）和式（2.2）；

　　　C_0——出水浓度，mg/L；

　　　C_1——背景浓度平均值，mg/L。

2.2.3　太极流快速净化中试试验装置试验内容与结果分析

1. 背景值试验结果分析

在试验过程中，虽然出水经过人工湿地净化，但是水体中还是有一定量的污染物，为此测定背景值，并分析其经过设备的去除率。在整个太极流快速净化试验过程中，针对不同进水流量条件进行了 8 组背景试验。

太极流快速净化中试试验装置背景试验进出水浓度如图 2.19 所示。整个试验期间的

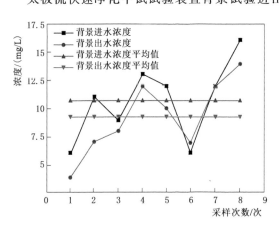

图 2.19　太极流快速净化中试试验装置背景试验进出水浓度

进水背景浓度都小于 20mg/L，小于目标浓度（大于 200mg/L）的 10%，试验的背景浓度处于相对比较小的状态，对试验的影响可以忽略不计。同时可以发现，设备对进水中的背景污染物去除率特别低，可以考虑不计。

整个试验过程中的出水背景浓度平均值是 9.25mg/L，在后续的试验过程中，测得的设备出水浓度都减去该背景浓度出水值。

2. 污染物浓度对太极流快速净化中试试验装置去除率的影响分析

试验过程中，调节流量，使其稳定到试验要求的流量，试验得到的进水流量值见表 2.4。

表 2.4 浓度试验的进水流量值（太极快速净化中试试验装置）

粒径/μm	51	51	51	101	101	101	196	196	196
	57.2	58.9	55.6	57.7	58.2	55.6	57.9	57.9	58.4
	56.4	58.2	57.9	55.6	58.9	57.9	55.6	58.9	58.9
	57.2	57.9	58.9	55.1	57.2	56.2	55.6	58.9	57.9
	57.9	57.9	57.9	55.9	58.2	57.9	55.1	58.4	57.9
流量/(t/h)	58.4	58.4	57.9	58.9	56.9	57.2	57.9	57.7	55.6
	58.9	58.4	58.2	57.9	58.4	57.2	58.9	58.4	57.2
	58.2	55.9	57.9	58.9	57.4	58.2	57.2	57.9	57.9
	57.9	55.1	57.2	57.2	58.2	58.4	58.2	57.9	58.4
	56.9	56.2	58.9	58.9	55.6	57.2	57.9	58.2	58.9
平均值/(t/h)	57.7	57.4	57.8	57.3	57.7	57.3	57.1	58.2	57.9
标准差	0.800	1.340	0.990	1.500	1.000	0.930	1.360	0.440	1.020
变异系数	0.014	0.023	0.017	0.026	0.017	0.016	0.024	0.008	0.018

由表 2.4 可以看出，每组试验的进水流量的变异系数都小于 0.05，所以每组试验的流量可以认为处于稳定状态，同时每组试验流量的平均值为 57.6t/h，标准差为 0.344，变异系数为 0.006，整组试验过程中的进水流量非常稳定，流量都是一样，取平均流量57.6t/h 作为实际流量，约为 16L/s。

进水流量取 16L/s，并计算出目标浓度。处理后的实际出水浓度为出水浓度减去出水背景浓度平均值（9.25mg/L），不同浓度条件下的去除率如图 2.20 所示。

由图 2.20 可以看出，设备的去除率受浓度的影响特别小，可以不考虑。由此试验可以得出设备的去除率与进水中污染物的浓度无关。

3. 污染物粒径对太极流快速净化中试试验装置去除率的影响分析

为研究不同粒径的固体污染物对太极流快速净化装置去除率的影响，在试验时，往水体中分别加入粒径为 10μm、32μm、51μm、71μm、101μm、116μm、143μm、196μm、298μm 和 403μm 的污染物，将含有不同粒径污染物的水体分别利用太极流快速净化装置进行试验。

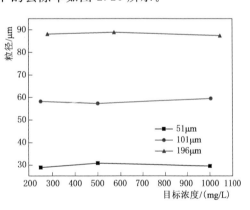

图 2.20 不同浓度条件下的去除率

试验过程中，在 7L/s、16L/s、21L/s 和 28L/s 四种进水流量条件下，分析砂子粒径大小对设备去除率的影响。

（1）7L/s 流量条件下的粒径试验。试验过程中，调节流量，待其稳定到试验要求的流量附近时，记录流量数据，得到的进水流量值见表 2.5。

表 2.5　　　　　　　　　　　　　进水流量值（7L/s）

粒径/μm	10	32	51	71	101	116	143	196	298	403
流量/(t/h)	25.4	25.4	25.6	25.1	25.6	25.6	24.1	25.1	24.6	25.1
	26.1	24.9	25.7	25.9	25.9	26.1	24.6	24.9	25.3	24.8
	24.9	24.6	25.1	25.6	26.1	24.6	25.1	24.1	24.1	25.1
	25.6	24.9	25.9	24.3	25.4	24.6	25.4	26.1	24.9	25.6
	24.9	25.4	26.1	25.1	26.1	25.1	26.1	25.1	25.1	25.6
	24.9	25.6	25.6	25.6	25.4	25.6	25.1	26.1	25.6	24.3
	25.1	25.6	24.9	24.6	25.6	26.9	25.6	25.6	25.6	26.1
	24.5	25.1	24.3	25.1	24.3	24.3	25.1	25.1	26.1	24.9
	24.6	25.6	24.3	24.7	24.9	25.1	25.1	24.1	26.1	24.3
	25.5	24.7	25.6	25.1	25.1	26.1	24.1	25.1	25.6	25.1
	25.6	25.6	26.1	26.1	25.6	24.6	25.6	26.1	25.1	25.6
	24.9	25.6	24.7	24.3	24.7	24.6	24.6	25.1	24.3	25.1
平均值/(t/h)	25.2	25.3	25.3	25.1	25.4	25.3	25.0	25.2	25.2	25.1
标准差	0.474	0.387	0.648	0.589	0.555	0.800	0.582	0.684	0.647	0.514
变异系数	0.019	0.015	0.026	0.023	0.022	0.032	0.023	0.027	0.026	0.020

由表 2.5 可以看出，每组试验的进水流量的变异系数都小于 0.05，每组试验的流量可认为处于稳定状态，同时每组试验流量的平均值为 25.2t/h，标准差为 0.114，变异系数为 0.0045，可以认为整组试验过程中的进水流量非常稳定，流量都是一样的，取平均流量 25.2t/h 作为实际流量，进水流量约为 7L/s。

进水流量取 7L/s，并计算出目标浓度，处理后的实际出水浓度为出水浓度减去出水背景浓度平均值（9.25mg/L），不同浓度条件下对不同粒径污染物的去除率如图 2.21 所示。

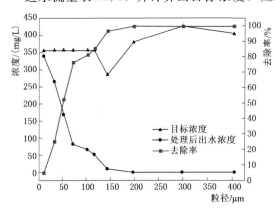

图 2.21　太极流快速净化中试试验装置在 7L/s
进水流量条件下对不同粒径污染物的去除率

在数据分析的过程中，出现出水浓度减去背景浓度平均（9.25mg/L）为负值的现象。因为试验的进水中有一定量的污染物，试验加入的砂子有吸附沉淀作用，设备去除砂子的同时也带走了污染物，从而出现出水浓度减去背景浓度为负数的现象。出水浓度为负值的都取数值为 0，可认为设备的去除率为 100%。

由图 2.21 可以看出，在流量为 7L/s的条件下，太极流快速净化中试试验装置对水体中污染物的去除率随着粒径的变大而提高，在粒径由 10μm 变大至 70μm 时，去除率快速提高；当粒径变大到 150um 时，去除率缓慢提高；当粒径继续变大，去除率提高得特别缓慢，且去除率达到最大值 100%。

在流量为7L/s的条件下，太极流快速净化中试试验装置对水体中粒径为101μm及以上的污染物的去除率高于80%，对粒径为143μm及以上的污染物的去除率高于90%，对粒径为196μm及以上的污染物即可100%去除。所以在流量为7L/s的条件下，太极流快速净化中试试验装置去除污染物的临界粒径为196μm，当污染物粒径小于临界粒径时，太极流快速净化中试试验装置对污染物的去除率受粒径的影响，当污染物粒径大于或等于临界粒径时，太极流快速净化中试试验装置对污染物的去除率均达到最大值。

（2）16L/s流量条件下的粒径试验。试验过程中，调节流量，待其稳定到试验要求的流量附近时，记录流量数据，得到的进水流量值见表2.6。

表2.6 　　　　　　　　　　　　　　进水流量值（16L/s）

粒径/μm	10	32	51	71	101	116	143	196	298	403
流量/(t/h)	57.9	58.4	57.2	58.4	57.7	55.9	58.9	57.9	57.9	58.2
	58.4	58.4	56.4	58.4	55.6	57.9	58.2	55.6	55.6	55.6
	58.9	57.9	57.2	60.0	55.1	58.9	57.9	55.6	58.4	58.4
	58.2	57.7	57.9	58.9	55.9	56.2	57.9	55.1	57.9	57.9
	57.9	57.9	58.4	57.4	58.9	58.2	57.9	57.9	58.4	57.9
	57.2	57.9	58.0	56.4	57.9	57.2	57.9	58.9	58.9	56.1
	57.9	58.4	58.2	57.9	58.9	58.2	56.9	57.2	58.4	57.9
	56.9	58.4	57.9	55.6	57.2	57.2	58.4	58.2	59.2	57.2
	56.3	58.4	56.9	55.6	58.9	57.9	57.7	57.9	58.9	58.2
平均值/(t/h)	57.7	58.2	57.7	57.6	57.3	57.5	58.0	57.1	58.2	57.5
标准差	0.802	0.296	0.797	1.512	1.495	0.980	0.541	1.363	1.063	0.996
变异系数	0.014	0.005	0.014	0.026	0.026	0.017	0.009	0.024	0.018	0.017

由表2.6可以看出，每组试验的进水流量的变异系数都小于0.05，所以每组试验的流量都处于稳定状态，同时每组试验流量的平均值为57.7t/h，标准差为0.338，变异系数为0.0059，可以认为整组试验过程中的进水流量非常稳定，流量都是一样的。取平均流量57.7t/h作为实际流量，进水流量约为16L/s。

进水流量取16L/s，并计算出目标浓度，处理后出水浓度为实际出水浓度减去出水背景浓度平均值（9.25mg/L），不同浓度条件下对不同粒径污染物的去除率如图2.22所示。

数据处理过程中同样出现出水浓度减去背景浓度平均（9.25mg/L）为负值的情况，此时处理后的出水浓度取值为0。产生这种现象同样主要是因为砂子有一定的吸附沉淀作用，带走一定量的污

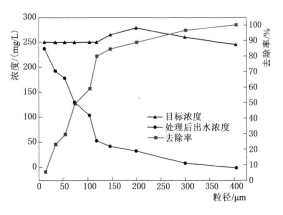

图2.22　太极流快速净化中试试验装置在16L/s进水流量条件下对不同粒径污染物的去除率

染物。此时认为设备对此粒径砂子的去除率为 100%。

由图 2.22 可以看出，在流量为 16L/s 的条件下，太极流快速净化中试试验装置对水体中污染物的去除率随着粒径的变大而提高，在粒径由 $10\mu m$ 变大至 $116\mu m$ 时，去除率快速提高；当粒径继续变大时，去除率缓慢升高；最后去除率达到最大值 100%。在流量为 16L/s 的条件下，当砂子粒径达到 $120\mu m$ 时，去除率能达到 80%。

在流量为 16L/s 的条件下，当污染物粒径达到 $143\mu m$ 时，去除率能达到 80% 以上；粒径达到 $298\mu m$ 时，去除率能达到 90% 以上；对粒径为 $403\mu m$ 的污染物可 100% 去除。所以在流量为 16L/s 的条件下，太极流快速净化中试试验装置去除污染物的临界粒径为 $403\mu m$。

（3）21L/s 流量条件下的粒径试验。试验过程中，调节流量，待其稳定到试验要求的流量附近时，记录流量数据，得到的进水流量值见表 2.7。

表 2.7　　　　　　　　　　　　进水流量值（21L/s）

粒径/μm	10	32	51	71	101	116	143	196	298	403
	76.2	75.5	76.1	75.7	76.2	76.2	76.2	76.2	76.2	76.2
	75.2	75.9	75.2	76.3	76.1	75.2	75.2	75.2	75.2	75.2
	75.9	76.3	75.9	76.1	75.7	75.9	76.1	75.5	75.7	75.9
流量/(t/h)	76.0	76.1	75.2	76.3	75.2	75.9	76.2	75.7	75.4	76.9
	76.1	75.4	76.1	76.1	76.1	76.1	76.1	76.1	76.1	76.1
	74.7	74.9	74.9	75.7	76.7	75.7	75.7	75.7	75.7	76.1
	75.7	76.5	75.7	75.7	75.7	74.9	76.7	76.1	75.2	75.7
平均值/(t/h)	75.7	75.8	75.6	76.0	76.0	75.7	76.0	75.8	75.6	76.0
标准差	0.546	0.563	0.485	0.279	0.476	0.480	0.468	0.367	0.404	0.518
变异系数	0.007	0.007	0.006	0.004	0.006	0.006	0.006	0.005	0.005	0.007

由表 2.7 可以看出，每组试验的进水流量的变异系数都小于 0.05，每组试验的流量处于稳定状态，同时每组试验流量的平均值为 75.8t/h，标准差为 0.166，变异系数为 0.0022，整组试验过程中的进水流量非常稳定，取平均流量 75.8t/h 作为实际流量，进水流量约为 21L/s。

进水量取 21L/s，并计算出目标浓度，处理后出水浓度为出水浓度减去出水背景浓度平均值（9.25mg/L），不同浓度条件下对不同粒径污染物的去除率如图 2.23 所示。

由图 2.23 可以看出，在流量为 21L/s 的条件下，太极流快速净化中试试验装置对水体中污染物的去除率随着粒径的变大而提高，在粒径由 $10\mu m$ 变大至 $143\mu m$ 时，去除率快速提高；当粒径继续变大时，去除率缓慢升高；最

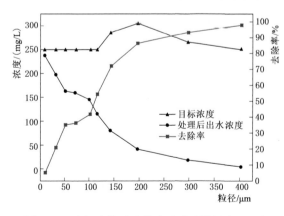

图 2.23　太极流快速净化中试试验装置在 21L/s
进水流量条件下对不同粒径污染物的去除率

后去除效率趋于最大值100%。

在流量为21L/s条件下，当污染物粒径达到196μm时，去除率能达到86%以上；粒径达到298μm时，去除率能达到90%以上；对粒径为403μm的污染物几乎可100%去除。所以在流量为21L/s的条件下，太极流快速净化中试试验装置去除污染物的临界粒径可认为是略大于403μm。

（4）28L/s流量条件下的粒径试验。试验过程中，调节流量，待其稳定到试验要求的流量附近时，记录流量数据，得到的进水流量值见表2.8。

表2.8 进水流量值（28L/s）

粒径/μm	10	32	51	71	101	116	143	196	298	403
	100.0	101.2	102.3	102.8	101.3	102.0	100.0	101.8	102.3	102.8
	99.4	101.7	101.3	101.1	102.5	100.0	99.7	102.2	102.8	101.8
流量/(t/h)	100.7	101.2	101.8	103.3	103.2	99.7	99.7	101.2	102.0	102.0
	101.4	101.2	102.3	102.5	101.7	102.5	101.2	102.8	101.2	101.3
	100.7	101.2	100.7	101.7	101.3	101.2	101.2	101.8	101	101.5
平均值/(t/h)	100.4	101.3	101.7	102.3	102.0	101.1	100.4	102.0	101.9	101.9
标准差	0.764	0.224	0.687	0.879	0.831	1.219	0.777	0.590	0.754	0.581
变异系数	0.008	0.002	0.007	0.009	0.008	0.012	0.008	0.006	0.007	0.007

由表2.8可以看出，每组试验的进水流量的变异系数都小于0.05，所以每组试验的流量处于稳定状态，同时每组试验流量的平均值为101.5t/h，标准差为0.668，变异系数为0.0066，可认为整组试验过程中的进水流量非常稳定，流量都是一样的。取平均流量101.5t/h作为实际流量，进水流量约为28L/s。

进水量取28L/s，并计算出目标浓度，处理后出水浓度为出水浓度减去出水背景浓度平均值（9.25mg/L），不同浓度条件下对不同粒径污染物的去除率如图2.24所示。

由图2.24可以看出，在流量为28L/s的条件下，太极流快速净化中试试验装置对水体中污染物的去除率随着粒径的变大而提高，在粒径由10μm变大至150μm时，去除率快速提高；当粒径继续变大时，去除率缓慢升高；最后去除率趋于最大值100%。

在流量为28L/s的条件下，当污染物粒径达到298μm时，去除率能达到80%以上；粒径达到403μm时，去除率能达到90%以上，为95.4%，但距离最大值100%还有一定差距。所以在流量为28L/s的条件下，太极流快速净化中试试验装置去除污染物的临界粒径大于403μm。

（5）粒径对太极流快速净化中试试验装置去除率的影响分析。结合上述试

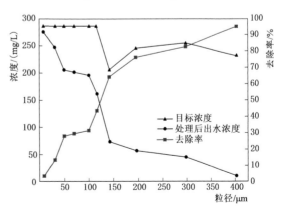

图2.24 太极流快速净化中试试验装置在28L/s流量条件下对不同粒径污染物的去除率

验结果分析可知，在 7L/s、16L/s、21L/s 和 28L/s 四种进水流量条件下，太极流快速净化中试试验装置对水中污染物的去除率都是随着污染物粒径的增大而提高的，且都存在一个临界粒径。对于粒径小于临界粒径的污染物，太极流快速净化中试试验装置的去除率受粒径影响较大；对于粒径不小于临界粒径的污染物，太极流快速净化中试试验装置的去除率均为最大值。

水体以一定的速度进入太极流快速净化中试试验装置后，在容腔内部形成旋流，污染物在离心力和重力的作用下从水体中分离出来。污染物粒径越大，受到的离心力和重力越大，就越容易从水流中分离出来，所以在流量一定时，污染物粒径越大，太极流快速净化中试试验装置对污染物的分离效率就越高。

当进水流量小于太极流快速净化中试试验装置过流流量 20L/s 时（7L/s 和 16L/s），太极流快速净化中试试验装置对水体中污染物的去除率随着粒径的变大而提高，去除率的提高速度越来越缓慢。而当进水流量超过太极流快速净化中试试验装置过流流量 20L/s 时（21L/s 和 28L/s），去除率随粒径变化的曲线出现波动，这是流场不稳定引起的。设备去除污染物主要靠污染物自身重力和离心力，小粒径污染物受到的重力与离心力作用较小，在进水流量较小的条件下，小粒径污染物有足够的水力停留时间沉淀下来，所以随着粒径的增大，污染物受到的重力与离心力增大，去除率快速提高。但是当进水流量超过设备的过流能力时，设备内流场处于一种相对紊乱的状态，小粒径污染物受到的重力与离心力作用较小，在水体旋转运动带动下随水体流出，所以对于 32～101μm 的污染物，去除率随着粒径的增大而提高的幅度不大，而大粒径污染物受到的重力与离心力作用较大，主要是通过离心力作用而被去除，所以随着粒径的增大去除率迅速提高。

4. 进水流量对太极流快速净化中试试验装置去除率的影响分析

试验过程中，研究了不同流量条件下太极流快速净化中试试验装置对砂子的去除率的影响。在试验过程中，由于太极流快速净化中试试验装置的最大处理能力为 20L/s，当进水流量超过 20L/s 时，有一部分进水会溢流而直接经过设备排出，为此试验过程中砂子去除率的试验最大流量达到 28L/s，不同进水流量条件下的去除率如图 2.25 所示。

由图 2.25 可以看出，太极流快速净化中试试验装置对相同粒径污染物的去除率随着流量的增大而降低，如对于粒径约为 100μm 的污染物，进水流量为 7L/s 时，去除率达到 80%以上；当进水流量增加到 16L/s 时，去除率下降到 58%；进水流量为 21L/s 时，去除率为 42%；当进水流量为 28L/s 时，去除率仅为 30%。出现这种现象主要是因为，小流量时，水力停留时间非常长，大大增加了设备对水体中污染物的捕捉、沉淀的反应时间。同时在小流量条件下，水体流速缓慢，有利于水体中的污染物沉积，这大大提高了设备对污染物的去除率；当流量增加时，水力停留时间快速变短，这不利于水体中污染物的去除，同时水体流场相对紊乱，非常不利于污染物的沉积。当流量较大时，进水中有一部分水体通过旁路直接溢流到出水管中，

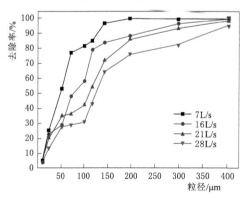

图 2.25 太极流快速净化中试试验装置
在不同进水流量条件下的去除率

这样大大降低了设备的去除率。

利用 origin 软件对不同进水流量条件下的去除率进行拟合，发现不同进水流量条件下的砂子去除率与粒径有着非线性相关性，得到非线性公式，公式同式（2.4）。

太极流快速净化中试试验装置参数值见表 2.9。

表 2.9　太极流快速净化中试试验装置参数值

流量/(L/s)	A_1	A_2	x_0	p	残差平方和	R^2
7	2.3332	101.0430	50.0136	2.4498	82.9940	0.9879
16	6.2101	102.6646	80.6661	2.1746	161.4458	0.9763
21	6.3973	116.3673	125.4473	1.5614	267.6758	0.9563
28	5.8664	110.1599	145.7733	1.7268	297.6801	0.9484

由表 2.9 可以看出，在每种进水流量条件下，设备的去除率都与粒径有着非常好的相关性，R^2 都大于 0.9，同时随着进水流量的增大，R^2 值与 1 的偏离值在变大，说明其相关性在降低，这主要是因为：设备对污染物的去除主要是通过重力沉降等作用来实现的，流量的增大会加大水力在设备内紊乱的程度，导致流场不够稳定，去除率受到的影响因素相对复杂，不确定性增强，所以此时去除率与粒径的相关性在降低。太极流快速净化中试试验装置在不同进水流量条件下的拟合曲线如图 2.26 所示。

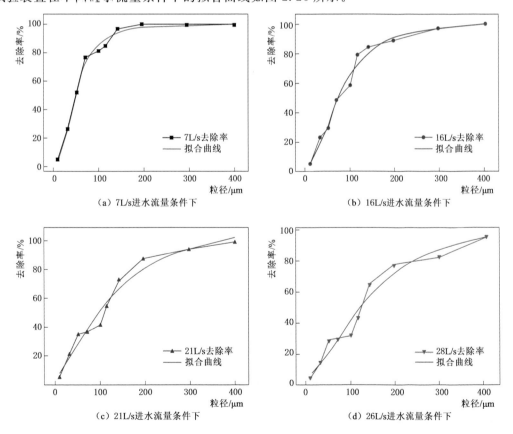

图 2.26　太极流快速净化中试试验装置在不同进水流量条件下的拟合曲线

设备在不同进水流量条件下的去除率与粒径都有着很好的相关性，残差分布如图 2.27 所示。随着流量的增大，残差偏离真实值相对较大，离散程度也相对较大，产生这种现象主要是因为：当流量较大的时候，其流场相对不稳定，紊流的状态时有发生，对相关性造成一定影响，这也很好地解释了随着流量的增大，R^2 值不断减小的现象。

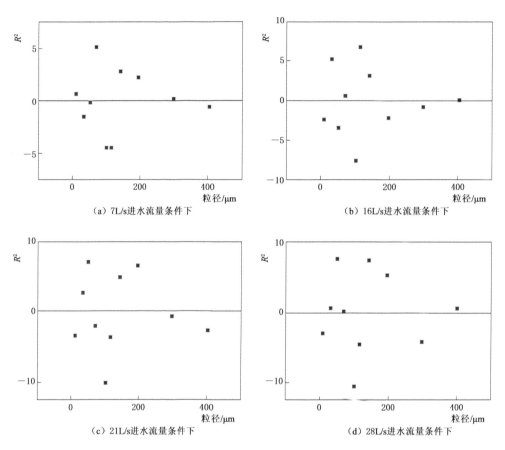

（a）7L/s进水流量条件下　　　　（b）16L/s进水流量条件下

（c）21L/s进水流量条件下　　　　（d）28L/s进水流量条件下

图 2.27　太极流快速净化中试试验装置在不同进水流量条件下的残差分布

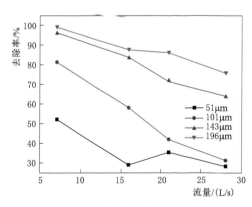

图 2.28　太极流快速净化中试试验装置在
不同进水流量条件下的去除率

由图 2.27 可以看出，对于同一粒径的污染物，随着进水流量的增大，太极流快速净化中试试验装置的去除率总体是一个降低的趋势，所有粒径污染物在不同进水流量条件下的去除率如图 2.28 所示。

同样，使用 Origin 软件对同一粒径在不同进水流量条件下的去除率与流量进行线性分析，得到的相关性见表 2.10。可以看出，在砂子粒径为 $101\mu m$ 时，其斜率最大，说明设备对该粒径的去除率受到进水流量影响的作用比较大。

表 2.10 不同粒径进水流量与去除率的相关性

粒径/μm	斜率	R^2	粒径/μm	斜率	R^2
51	−1.0667	0.5231	143	−1.5953	0.9739
101	−2.4457	0.9742	196	−1.0803	0.9606

5. 粒径-流量与太极流快速净化中试试验装置去除率的关系

根据污染物粒径、流量对太极流快速净化中试试验装置去除率影响试验的结果，作粒径-流量-去除率三维曲面图（图 2.29）。

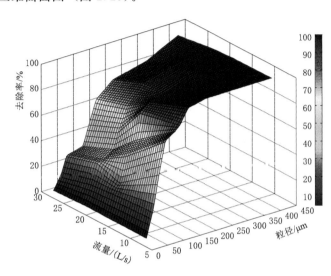

图 2.29　粒径-流量-去除率三维曲面图（太极流快速净化中试试验装置）

从粒径-流量-去除率三维曲面图可以看出，去除率的大小和粒径、流量有关，使用 1stOpt 软件，采用麦夸特法＋通用全局优化法进行拟合，得到的非线性关系式为

$$E = \frac{P_1 + P_2 d + P_3 d^2 + P_4 d^3 + P_5 Q}{1 + P_6 d + P_7 d^2 + P_8 Q}, R^2 = 0.9758 \tag{2.8}$$

式中　　　　　E——去除率，%；

　　　　　　　d——粒径，μm；

　　　　　　　Q——流量，L/s；

P_1，P_2，…，P_8——系数，取值见表 2.11。

表 2.11 系数取值（太极流快速净化中试试验装置）

系数	值	系数	值
P_1	−132.597360794474	P_5	10.6960651637496
P_2	9.15322987908231	P_6	−0.0072736649935564
P_3	0.147297266201768	P_7	0.00171266711301495
P_4	3.00855349959952E−5	P_8	1.44907707601059

6. 流量对太极流快速净化中试试验装置压头损失的影响

试验过程中，在不同进水流量条件下分别记录太极流快速净化中试试验装置进水管与出水管的压差（以 H_2O 计），压头损失如图 2.30 所示。

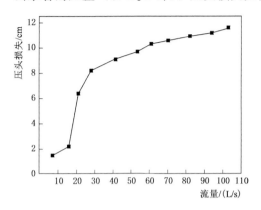

图 2.30　太极流快速净化中试试验装置在不同进水流量条件下的压头损失

由图 2.30 可以看出，压头损失随着进水流量的增大而增大。由于滤网结构的影响，流量越大水体的流速越大，使得其反向过水能力越弱，此时压头损失快速增加；当进水流量超过设备处理流量时，设备会启动溢流反应，溢流会大大降低设备的压头损失，所以此时随着流量的增大，压头损失增加速度变缓。

太极流快速净化中试试验装置的最大处理能力为 20L/s，由于试验值中小于 20L/s 的数据只有两组，无法进行拟合，所以只对超过 20L/s 的试验数据进行处理。当 Q 不小于 20L/s 时，压头损失 ΔP 与流量 Q 的拟合关系式为

$$\Delta P = 2E-05Q^3 - 0.0038Q^2 + 0.3173Q + 1.533, R^2 = 0.9826 \qquad (2.9)$$

2.3　太极流快速净化数值模型分析

2.3.1　太极流快速净化设备概述

太极流快速净化初级泥水分离器是一种以自重沉降分离为主、综合离心分离效果的泥水分离装置。主体是直径为 1.219m 的圆桶结构，高度约为 2.819m，顶部连通大气。流体入口及出口位于同一水平线，距底部 2.248m。雨水径流污染物径流截污装置——太极流快速净化设备如图 2.31 所示。

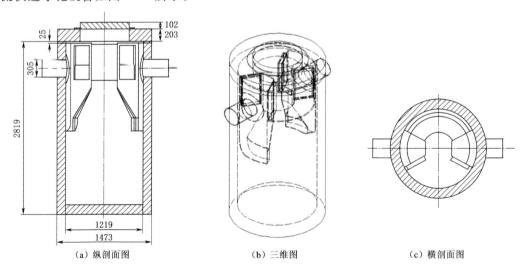

(a) 纵剖面图　　　　　　　(b) 三维图　　　　　　　(c) 横剖面图

图 2.31　雨水径流污染物径流截污装置——太极流快速净化设备（单位：mm）

2.3.2 太极流快速净化设备模型建立

根据设备的设计图，建立数字几何模型，为了降低边界条件对水头高度的影响，模型中适当延长了流体出入口的长度。太极流快速净化设备几何模型如图 2.32 所示。

根据几何模型，使用流体建模软件进行模型划分。综合考虑计算精度及开销，模型最小尺寸为 6mm，最大模型尺寸为 48mm。总节点数为 217011，单元数为 205507。太极流快速净化设备流体网格、外壳模型、内部遮流板结构模型分别如图 2.33~图 2.35 所示。

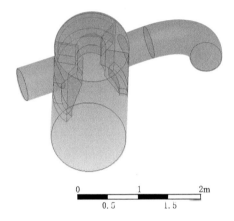

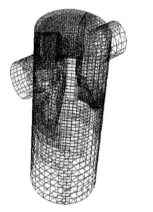

图 2.32　太极流快速净化设备几何模型　　　图 2.33　太极流快速净化设备流体网格

图 2.34　太极流快速净化设备外壳模型　　图 2.35　太极流快速净化设备内部遮流板
结构模型

2.3.3 太极流快速净化设备数字模型方法

1. 标准 $k-\omega$ 湍流模型

描述流体运动的 Navier-Stokes 方程，需要引入某种处理方法对其进行简化，使之可以适用于工程计算，所以需要引入湍流模型。Fluent 软件提供的湍流模型主要有标准 $k-\varepsilon$ 双方程湍流模型、重整化 RNG $k-\varepsilon$ 双方程湍流模型、雷诺应力 RSM 模型等。湍流模型的选择取决于流体运动包含的物理问题、精确性要求、计算资源的限制、模拟求解时间的限制。标准 $k-\omega$ 湍流模型是一种经验模型，基于湍流能量方程（k 方程）和扩散速率方程（ω 方程），由于标准 $k-\omega$ 湍流模型已经修改多年，k 方程和 ω 方程都增加了项，因此增加了模型的精度。标准 $k-\varepsilon$ 双方程湍流模型来源于严格的统计技术，计算量较小，且考虑到了湍流漩涡，可以更好地处理高应变率及弯曲程度较大的流体运动，有效地改善了这方面的精度，故选择标准 k-ε 双方程湍流模型进行计算。因为太极流快速净化与双旋流快速净化技术设备内部旋流占优流动，所以选择 Swirl Dominated Flow 选项。

标准 k-ω 湍流模型的方程式为

$$\frac{\partial}{\partial t}(\rho k) + \frac{\partial}{\partial x_i}(\rho k u_i) = \frac{\partial}{\partial x_j}\left(\Gamma_k \frac{\partial k}{\partial x_j}\right) + G_k - Y_k + S_k \tag{2.10}$$

$$\frac{\partial}{\partial t}(\rho \omega) + \frac{\partial}{\partial x_i}(\rho \omega u_i) = \frac{\partial}{\partial x_j}\left(\Gamma_\omega \frac{\partial \omega}{\partial x_j}\right) + G_\omega - Y_\omega + S_\omega \tag{2.11}$$

式中　∂——偏微分标记；

t——时间，s；

ρ——流体密度，kg/m³；

k——湍流动能，J；

x_i——x 方向分项，m；

x_j——y 方向分项，m；

u_i——速度，m/s；

S_k——k 方程的源项；

ω——特定耗散率；

S_ω——ω 方程的源项；

G_k——由层流速度梯度产生的湍流动能，J；

G_ω——由 ω 方程产生的湍流动能，J；

Γ_k——k 方程的扩散率；

Γ_ω——ω 方程的扩散率；

Y_k——由 k 方程计算得到的湍流动能，J；

Y_ω——由 ω 方程计算得到的湍流动能，J。

对 k-ω 模型来说，k 方程的扩散率和 ω 方程的扩散率计算方法分别为

$$\Gamma_k = \mu + \frac{\mu_t}{\sigma_k} \tag{2.12}$$

$$\Gamma_\omega = \mu + \frac{\mu_t}{\sigma_\omega} \tag{2.13}$$

式中　μ_t——湍流粘度，Pa·s；

σ_ω——ω 方程的湍流能量普朗特数；

σ_k——k 方程的湍流能量普朗特数。

湍流粘度 μ_t 计算方法为

$$\mu_t = \alpha^* \frac{\rho k}{\omega} \tag{2.14}$$

式中　μ_t——湍流粘度，Pa·s；

ω——湍流频率，1/s；

α——使得湍流粘度产生低雷诺数修正的系数。

α^* 计算方法为

$$\alpha^* = \alpha_\infty^* \left(\frac{\alpha_0^* + Re_t/R_k}{1 + Re_t/R_k} \right) \tag{2.15}$$

式中 α_∞^*——高雷诺数极限下的系数 α 的值；

$\quad\quad \alpha_0^*$——特定条件下的系数 α 的修正值；

$\quad\quad Re_t$——湍流雷诺数；

$\quad\quad R_k$——特定雷诺数。

Re_t 计算方法为

$$Re_t = \frac{\rho k}{\mu \omega} \tag{2.16}$$

湍流模型中的 G_k 计算方法为

$$G_k = -\overline{\rho u_i' u_j'} \frac{\partial u_j}{\partial x_i} \tag{2.17}$$

式中 G_k——湍流的动能生成项；

$\quad\quad \rho$——流体密度，kg/m^3；

$\quad\quad \mu_i'$、μ_j'——湍流速度的脉动部分；

$\quad\quad \partial \mu_j / \partial x_i$——速度梯度。

为计算方便，Boussinesq 假设下的 G_k 计算方法为

$$G_k = \mu_t S^2 \tag{2.18}$$

式中 S——表面张力系数。

ω 定义为

$$G_\omega = \alpha \frac{\omega}{k} G_k \tag{2.19}$$

式中 α——系数。

系数 α 计算方法为

$$\alpha = \frac{\alpha_\infty}{\alpha^*} \left(\frac{\alpha_0 + Re_t/R_\omega}{1 + Re_t/R_\omega} \right) \tag{2.20}$$

式（2.20）中 $R_\omega = 2.95$，注意，在高雷诺数的 $k-\omega$ 模型中，$\alpha = \alpha_\infty = 1$

2. VOF 法

自由表面流动存在运动边界，一般需要对其进行特殊处理。VOF（volume of fluid）模型通过引入流体体积组分函数及其控制方程来跟踪自由面的位置，可以较为精细地描述分离器中的水面变化，克服了静压假定和刚盖假定对变化剧烈的自由水面的限制和导致的压力场失真。

3. 颗粒 Lagrangian 运动控制方程（DPM 离散相模型）

考虑颗粒尺寸有所不同，对颗粒尺寸进行分组，即采用"计算粒子"的概念将颗粒群分成 k_p 组，每组称为一个计算粒子，它包含 n_k 个具有相同速度和位置的颗粒。将单位体积内 k 类粒子的数量用 n_{pk} 表示，则颗粒相的连续性方程和粒子的动力方程为

$$\frac{\partial n_{pk}}{\partial t} + \nabla \cdot (n_{pk} u_s) = 0 \tag{2.21}$$

$$m_s \frac{\mathrm{d}u_s}{\mathrm{d}t} = \sum F \tag{2.22}$$

式中　t——时间，s；

　　　u_s——颗粒相的瞬时速度，m/s；

　　　m_s——颗粒相的质量，kg；

　　　F——颗粒相所受力的合力，包括曳力 F_{dr}、虚拟质量力 F_{am}、压强梯度力 F_p、重力 F_g、离心力和科氏力 F_x、颗粒相之间的碰撞力 F_{ss}，N。

2.3.4　太极流快速净化设备分析参数及工况

1. 太极流快速净化设备分析参数

由于设备内存在水和空气两种流体介质，为了更好地描述气水交界面，采用 VOF 两相流算法，水表面张力为 0.072N/m²，重力加速度为 9.8066m/s²。为了得到较好的结果，湍流模型采用 $k-\omega$ 湍流模型，固体颗粒利用 DPM 离散相模型从流体入口处添加。固体颗粒密度为 2600kg/m²，粒径根据不同工况而定。

2. 太极流快速净化设备工况分析

为深入了解流量以及杂质粒径对分离效果的影响，进行工况设计时，采用十字形结构进行分析，即以流量 16L/s、杂质粒径 101μm 为中心参考，分别改变粒径和流量进行对比，以反映其变化对去除率的影响，各工况分析参数见表 2.12。

表 2.12　　　　　　　　　　　　各 工 况 分 析 参 数

工况	流量/(L/s)	粒径/μm
1	7	101
2	16	101
3	28	101
4	16	32
5	16	196

每个工况分析中，先通过稳态分析得到初始稳态流场，然后利用该流场进行瞬态分析，向设备中投入一定量的杂质颗粒（持续 10～15s），检测出口至不再有杂质颗粒流出则认为分析结束。

2.3.5　太极流快速净化设备分析结果

1. 水头损失分析

根据计算结果，分别选取出入口位置的气水分界面，得到各自的平均高度，根据其平均高度差，计算得到不同流量条件下设备的水头损失（表 2.13）。

表 2.13　　　　　　　　　　不同流量条件下设备的水头损失

流量/(L/s)	入口高度/m	出口高度/m	水头损失/mm
7	2.0540	2.0343	19.7
16	2.1450	2.1235	21.5
28	2.2883	2.2068	81.5

根据表 2.13 的计算结果可知，随着流量的增大，设备的水头损失随之加大，且设备出入口的液面均有增大。7L/s、16L/s 和 28L/s 流量条件下水面高度分别如图 2.36、图 2.37 和图 2.38 所示。

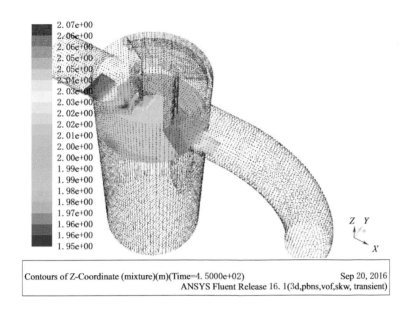

图 2.36　7L/s 流量条件下水面高度

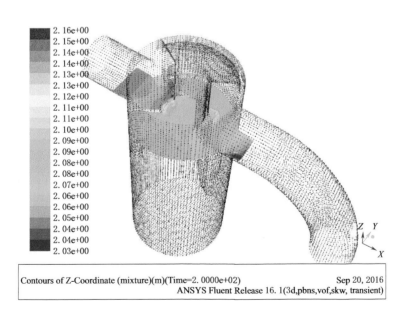

图 2.37　16L/s 流量条件下水面高度

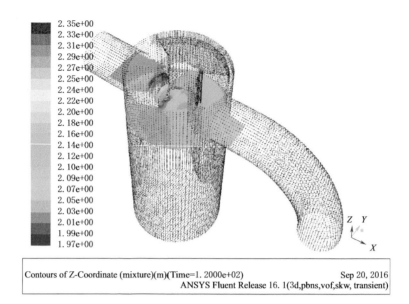

Contours of Z-Coordinate (mixture)(m)(Time=1. 2000e+02)　　　　　Sep 20, 2016
ANSYS Fluent Release 16. 1(3d,pbns,vof,skw, transient)

图 2.38　28L/s 流量条件下水面高度

2. 不同粒径条件下去除率分析

根据表 2.12 中的工况 2、工况 4、工况 5，得到相同流量（16L/s）条件下设备在不同粒径条件下的去除率（表 2.14）。

表 2.14　　　　　　　　　　　设备在不同粒径条件下的去除率

流量/(L/s)	粒径/nm	投入量/g	存留量/g	去除率/%
	32	15.67	5.04	22.14
16	101	5.83	3.95	67.77
	196	6.33	5.93	93.71

根据表 2.14 可以看出，在相同流量条件下，随着粒径的增大，设备对杂质的去除率随之提高。

3. 不同流量条件下去除率分析

根据表 2.12 中的工况 1～工况 3，在相同粒径（101μm）条件下，设备在不同流量条件下的去除率见表 2.15。

表 2.15　　　　　　　　　　　设备在不同流量条件下的去除率

粒径/μm	流量/(L/s)	投入量/g	存留量/g	去除率/%
	7	2.97	2.43	81.77
101	16	5.83	3.95	67.77
	28	19.71	10.54	33.47

根据表 2.15 可知，在粒径相同的情况下，随着流量的增大，设备对杂质的去除率随之下降。

2.3.6 太极流快速净化数值模型分析结论

根据分析结果，得到如下结论：

（1）随着流量的增大，设备的水头损失增加，且出入口液位高度均随之增加。

（2）相同粒径条件下，随着流量的增大，设备的去除率随之下降。

（3）相同流量条件下，随着粒径的增大，设备的去除率随之提高。

2.4 本 章 小 结

本章通过小试试验和中试试验，研究了初期雨水截污装置太极流快速净化技术主要工作原理及主要特征，研究了不同进水流量、不同进水污染物粒径及不同污染浓度等对处理效果的影响，分析了设备运行过程中水头损失变化规律，并利用 Fluent 软件建立了设备的仿真数学模型，主要结论如下：

（1）通过研究发现，当流量不变且进水污染物粒径不变时，太极流快速净化小试试验装置装置去除效果受进水浓度影响较小。

（2）太极流快速净化小试试验装置对颗粒污染物的去除率随着流量的加大而降低。

（3）在流量不变的情况下，太极流快速净化小试试验装置的去除率随着粒径的增大而提高。太极流快速净化小试试验装置在流量为 0.25L/s 且污染物粒径大于 $101\mu m$ 时，去除率达到 90% 以上。

（4）当流量为 0.25L/s 时，太极流快速净化小试试验装置去除污染物的临界粒径为 $116\mu m$；流量为 0.5L/s 时，临界粒径为 $196\mu m$；而流量为 0.75L/s 和 1L/s 时，临界粒径均为 $298\mu m$。这说明在未发生溢流的情况下，随着流量的增大，太极流快速净化小试试验装置去除污染物的临界粒径逐渐增大。

（5）考察了流量为 7L/s、16L/s、21L/s 和 28L/s 四种工况条件下太极流快速净化（直径 1.219m）设备对不同进水污染物粒径的去除效果，结果显示：太极流快速净化设备去除率随着进水污染物粒径的增大而提高，存在明显的临界粒径，进水污染物粒径大于临界粒径时，其去除率达到 95% 及以上。当污染物粒径小于临界粒径时，去除率随着粒径的增大而提高得较为明显；当污染物粒径大于临界粒径时，去除率受粒径的影响而提升的趋势不明显。临界粒径的大小受进水流量的影响较大，当进水流量为 7L/s 时，临界粒径为 $143\mu m$；当进水流量为 16L/s 时，临界粒径为 $298\mu m$；当进水流量大于 21L/s 时，临界粒径大于 $403\mu m$。

（6）考察了进水流量对太极流快速净化（直径 1.219m）设备去除效果的影响，结果显示：粒径相同的污染物，太极流快速净化（直径 1.219m）设备的去除率随着流量的增大而降低。以粒径为 $101\mu m$ 的污染物为例，流量为 7L/s 时，设备的去除率为 81.6%；流量为 16L/s 时，去除率为 58.5%；流量为 21L/s 时，去除率为 42.1%；流量为 28L/s 时，去除率为 31.6%。

（7）太极流快速净化（直径 1.219m）设备去除率与进水流量及污染物粒径之间的关系为

$$E = \frac{P_1 + P_2 d + P_3 d^2 + P_4 d^3 + P_5 Q}{1 + P_6 d + P_7 d^2 + P_8 Q} \tag{2.23}$$

式（2.23）为该设备的实际应用及方案设计奠定了基础。

（8）建立了太极流快速净化（直径 1.219m）设备的压头损失 ΔP 与流量 Q 之间的关系为

$$\Delta P = 2E - 05Q^3 - 0.0038Q^2 + 0.3173Q + 1.533 \tag{2.24}$$

（9）建立了太极流快速净化（直径 1.219m）设备的仿真数学模型，为以后的方案设计及计算奠定了基础，为该设备的推广应用提供技了技术支撑。

第3章 初期雨水截污装置双旋流快速净化技术研究与应用

本章根据国外应用比较广泛的初期雨水截污装置双旋流快速净化技术特征，通过开展小试试验、中试试验，研究了不同进水流量、不同进水污染物粒径及不同污染浓度等对处理效果的影响，并分析了设备运行过程中水头损失变化规律；开展了数值模型和结构改进分析，并进行了应用示范研究，为该技术的应用和结构优化奠定了基础。

3.1 双旋流快速净化小试试验研究

3.1.1 试验装置

本书设计并制作了双旋流快速净化小试试验装置，设计如图3.1所示。

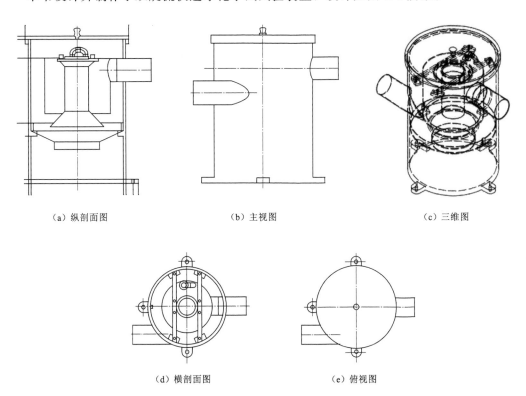

| （a）纵剖面图 | （b）主视图 | （c）三维图 |

| （d）横剖面图 | （e）俯视图 |

图3.1 双旋流快速净化小试试验装置设计

3.1.2　试验工艺流程

1. 工艺设计

双旋流快速净化技术小试试验装置示范工艺流程如图 3.2 所示。图中阀门用于控制流量，试验开始后记录流量与设备前后水头压力，同时按照一定比例在加砂口加入砂子，在设备进出水口进行采样，每组样品采集 3 个平行样。

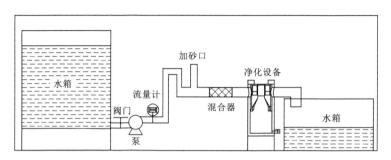

图 3.2　双旋流快速净化小试试验装置示范工艺流程

2. 试验用水及材料

同第 2 章 2.1.2 小节。

3.1.3　试验分析方法

同第 2 章 2.1.3 小节。

3.1.4　双旋流快速净化小试试验装置试验结果分析

1. 进水污染物浓度对双旋流快速净化技术小试试验装置去除率的影响分析

为研究进水浓度对设备去除效果的影响，选择平均粒径为 71μm 的石英砂进行试验，控制水流流量为 2L/s，去除率如图 3.3 所示。

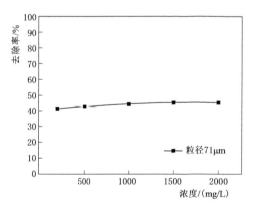

图 3.3　双旋流快速净化小试试验装置在不同浓度条件下的去除率

由图 3.3 可以看出，随着水体中石英砂浓度的提高，双旋流快速净化小试试验装置对石英砂的去除率变化不大，即对于含有不同浓度石英砂的水体，设备对水体中固体污染物的去除率并无显著的差异。设备对不同浓度水体的石英砂去除率的变异系数为 0.0427，小于 0.05，可以认为水体中污染物的浓度对双旋流快速净化小试试验装置的去除率没有影响。

由图 3.3 可以看出，随着水体中石英砂浓度的提高，双旋流快速净化小试试验装置对石英砂的去除率变化不明显，表明对于含有相同粒径污染物的水体，双旋流快速净化小试试验装置去除效果受进水浓度的影响较小。

2. 进水污染物粒径对双旋流快速净化技术小试试验装置去除率的影响分析

试验粒径分别为 10μm、32μm、51μm、71μm、101μm、116μm、143μm、196μm 和

298μm。试验流量分别为1L/s、2L/s、3L/s、4L/s和5L/s。

(1) 当进水流量为1L/s时，不同进水污染物粒径对设备去除效果的影响。按照试验要求，通过调节阀门控制试验流量为1L/s，加入不同粒径的石英砂，以考察双旋流快速净化小试试验装置对水体中不同粒径石英砂的去除率。对试验得到的数据进行分析并作图，去除率如图3.4所示。

由图3.4可以看出，在流量为1L/s时，双旋流快速净化小试试验装置对水体中污染物的去除率随着粒径的增大而提高，去除率的提高速度是先快后慢，总体趋势是越来越缓慢，最后趋于或达到最小值，去除率的值达到最大。在粒径小于101μm时，双旋流快速净化小试试验装置对水体中污染物的去除率随着粒径的增大而快速提高，提高速度越来越慢，但降幅不大；对于粒径大于101μm的污染物，双旋流快速净化小试试验装置去除率的提高速度迅速降低，

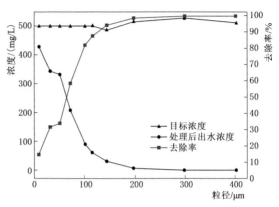

图3.4　双旋流快速净化小试试验装置在1L/s进水流量条件下对不同粒径污染物的去除率

并基本趋于稳定。双旋流快速净化小试试验装置对水体中粒径为101μm及以上的污染物去除率高于80%，对粒径为143μm及以上的污染物去除率高于90%，对粒径为196μm及以上的污染物去除率接近100%。对于粒径为196μm及以上的污染物，双旋流快速净化小试试验装置对相邻两种粒径的污染物的去除率，差值在1%左右，说明在流量为1L/s时，双旋流快速净化小试试验装置去除污染物的临界粒径为196μm左右。当污染物粒径小于临界粒径时，双旋流快速净化小试试验装置对污染物的去除率受粒径影响较大；当污染物粒径大于临界粒径时，去除率已经很大，双旋流快速净化小试试验装置对污染物的去除率影响很小，受粒径影响较小。

(2) 当进水流量为2L/s时，不同进水污染物粒径对设备去除效果的影响。按照试验要求，通过调节阀门控制试验流量为2L/s，加入不同粒径的石英砂，以考察双旋流快速净化小试试验装置对水体中不同粒径污染物的去除率。对试验得到的数据进行分析并作图，去除率如图3.5所示。

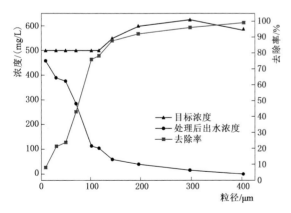

图3.5　双旋流快速净化小试试验装置在2L/s进水流量条件下对不同粒径污染物的去除率

由图3.5可以看出，当流量为2L/s时，双旋流快速净化小试试验装置对水体中污染物的去除率随着粒径的增大，变化趋势同流量为1L/s时的试验结果一致，双旋流快速净化小试试验装置对水体中污染物的去除率随着粒径的增大

而提高，转折粒径为 $101\mu m$。双旋流快速净化小试试验装置对水体中粒径为 $143\mu m$ 及以上的污染物去除率高于 80%，对粒径为 $196\mu m$ 及以上的污染物去除率高于 90%，对粒径为 $298\mu m$ 及以上的污染物去除率接近 100%。对于粒径为 $298\mu m$ 及以上的污染物，双旋流快速净化小试试验装置对相邻两种粒径的污染物的去除率，差值小于 3%，这表明流量为 $2L/s$ 时，双旋流快速净化小试试验装置去除污染物的临界粒径为 $298\mu m$ 左右。当污染物粒径小于临界粒径时，双旋流快速净化小试试验装置对污染物的去除率受粒径影响较大；当污染物粒径大于临界粒径时，双旋流快速净化小试试验装置对污染物的去除率影响较小。

（3）当进水流量为 $3L/s$ 时，不同进水污染物粒径对设备去除效果的影响。按照试验要求，通过调节阀门控制试验流量为 $3L/s$，加入不同粒径的石英砂，以考察双旋流快速净化小试试验装置对水体中不同粒径污染物的去除率。对试验得到的数据进行分析并作图，去除率如图 3.6 所示。

由图 3.6 可以看出，在流量为 $3L/s$ 时，双旋流快速净化小试试验装置对水体中污染物的去除率随着粒径的增大，变化趋势同流量为 $1L/s$ 时的工况，双旋流快速净化小试试验装置对水体中污染物的去除率随着粒径的增大而快速提高或缓慢提高并基本趋于稳定的分界粒径也是 $101\mu m$。当污染物粒径达到 $143\mu m$ 时，双旋流快速净化小试试验装置对污染物的去除率达到 80% 以上；当污染物粒径达到 $196\mu m$ 时，去除率达到 90% 以上，临界粒径为 $298\mu m$ 左右，与流量为 $2L/s$ 时的工况一样。

（4）当进水流量为 $4L/s$ 时，不同进水污染物粒径对设备去除效果的影响。按照试验要求，通过调节阀门控制试验流量为 $4L/s$，加入不同粒径的污染物，考察双旋流快速净化小试试验装置对水体中不同粒径污染物的去除率。对试验得到的数据进行分析并作图，去除率如图 3.7 所示。

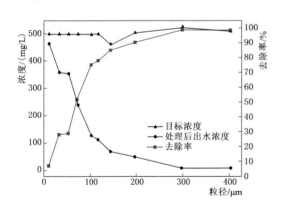

图 3.6　双旋流快速净化小试试验装置在 $3L/s$ 进水流量条件下对不同粒径污染物的去除效率

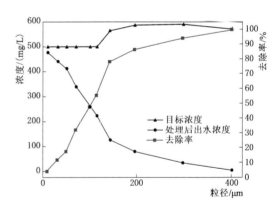

图 3.7　双旋流快速净化小试试验装置在 $4L/s$ 进水流量条件下对不同粒径污染物的去除率

由图 3.7 可以看出，在流量为 $4L/s$ 时，双旋流快速净化小试试验装置对水体中污染物的去除率随着粒径的增大而提高，去除率的提高速度先快后慢，总体趋势是越来越缓慢，最后趋于或达到最小值，去除率达到最大。当粒径小于 $143\mu m$ 时，双旋流快速净化小试试验装置对水体中污染物的去除率随着粒径的增大而快速提高，提高速度降低；对于粒径大于 $143\mu m$ 的污染物，双旋流快速净化小试试验装置的去除率提高速度迅速降低，并逐渐趋于稳定。双旋流快速净化小试试验装置对水体中粒径为 $196\mu m$ 及以上的污染物的去除率高于 80%，对粒径为 $298\mu m$ 及以上的污染物的去除率高于 90%，对粒径为 $403\mu m$ 的污染物的去除率接近 100%。双旋流快速净化小试试验装置对相邻两种粒径的污染物的去除率差值较大，对粒径为 $403\mu m$ 的污染物的去除率接近 100%，表明当流量为 $4L/s$ 时，双旋流快速净化小试试验装置去除污染物的临界粒径约为 $403\mu m$。当污染物粒径小于临界粒径时，双旋流快速净化小试试验装置对污染物的去除率受粒径影响较大，当污染物粒径大于临界粒径时，双旋流快速净化小试试验装置对污染物的去除率影响较小。

（5）当进水流量为 $5L/s$ 时，不同进水污染物粒径对设备去除效果的影响。按照试验要求，通过调节阀门控制试验流量为 $5L/s$，加入不同粒径的石英砂，考察双旋流快速净化小试试验装置对水体中不同粒径污染物的去除率。对试验得到的数据进行分析并作图，去除率如图 3.8 所示。

由图 3.8 可以看出，当流量为 $5L/s$ 时，双旋流快速净化小试试验装置对水体中污染物的去除率随着粒径的增大而提高，去除率的提高速度是先快后慢，总体趋势是越来越缓慢，最后趋于或达到最小值，去除率达到最大。当粒径小于 $196\mu m$ 时，双旋流快速净化小试试验装置对水体中污染物的去除率随着粒径的增大快速提高，提高速度越来越慢，对于粒径大于 $196\mu m$ 的污染物，双旋流快速净化小试试验装置的去除率提高速度迅速降低，并逐渐趋于稳定。

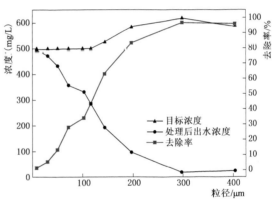

图 3.8 双旋流快速净化小试试验装置在 $5L/s$ 进水流量条件下对不同粒径污染物的去除率

双旋流快速净化小试试验装置对水体中粒径为 $196\mu m$ 及以上的污染物的去除率高于 80%，对粒径为 $298\mu m$ 及以上的污染物的去除率高于 90%，且相邻两种粒径的污染物的去除率差值小于 3%，表明当流量为 $5L/s$ 时，双旋流快速净化小试试验装置去除污染物的临界粒径约为 $298\mu m$。当污染物粒径小于临界粒径时，双旋流快速净化小试试验装置对污染物的去除率受粒径影响较大；当污染物粒径大于临界粒径时，双旋流快速净化小试试验装置对污染物的去除率影响较小。

（6）粒径对双旋流快速净化小试试验装置去除率的影响分析。结合上述试验结果分析可知，在 $1L/s$、$2L/s$、$3L/s$、$4L/s$ 和 $5L/s$ 五种流量工况下，双旋流快速净化小试试验装置对水中污染物的去除率都是随着石英砂粒径的增加而提高，且都存在一个临界粒径。对于粒径小于临界粒径的污染物，双旋流快速净化小试试验装置的去除率受粒径影响较大；对于粒径不小于临界粒径的污染物，双旋流快速净化小试试验装置的去除率与临界粒径的去除率大致相同。这是因为水体以一定的速度进入双旋流快速净化小试试验装置后，在容腔内部形成的旋流围绕下，螺旋离心结构旋转以分离沉淀物，石英砂在离心力和重力的作用下从水体中分离出来。石英砂粒径越大，受到的离心力和重力越大，就越容易从水流中分离出来，所以在流量一定时，污染物粒径越大，双旋流快速净化小试试验装置对污染物的分离效率就越高。当污染物粒径为临界粒径时，双旋流快速净化小试试验装置对临界粒径的去除率已经达到最大，即可认为设备已经可以完全去除该粒径的污染物，所以当粒径继续增大时，其去除率相对于临界粒径污染物的去除率几乎没有变化。

在流量为1L/s、2L/s、3L/s的条件下，当污染物粒径从32μm增大到51μm时，去除率变化不明显。产生这种现象主要是因为：在小粒径、小流量的情况下，水体中污染物的去除主要靠污染物自身的重力沉降，且此时的去除率特别低。当污染物粒径增大到30μm时，污染物增加倍数较多，所以此时水体中污染物的去除率迅速升高；当污染物粒径由30μm增大到50μm时，污染物增加的倍数不明显，且此时的污染物粒径相对较小，设备旋流作用对其影响还是很小，所以此时设备的去除率变化不明显。

3. 进水流量对双旋流快速净化技术小试试验装置去除率的影响分析

为了研究流量对设备去除率的影响，需要在设备去除率影响试验中设置不同的流量工况。在不同进水流量条件下对双旋流快速净化小试试验装置进行观察，发现在流量为4L/s时，水体在双旋流快速净化小试试验装置内的流场非常紊乱，且此时的压头损失比较大，所以在设置流量工况时，将试验的最大流量设置为了5L/s。五种流量工况分别为1L/s、2L/s、3L/s、4L/s和5L/s，可以对设备不发生溢流和发生溢流的情况分别进行对比和分析，也可以考察不发生溢流和发生溢流的情况下设备的去除率是否受到影响。不同进水流量条件下的去除率如图3.9所示。

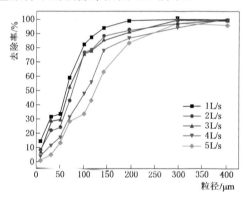

图3.9 双旋流快速净化小试试验装置在不同进水流量条件下的去除率

由图3.9可以看出，同一粒径的石英砂，随着流量的增大，双旋流快速净化小试试验装置的去除率总体呈降低趋势。例如粒径为101μm的污染物，流量为1L/s时，设备的去除率为82%，流量为2L/s时，去除率为76.3%，流量为3L/s时，去除率为75.2%，流量为4L/s时，去除率为47.8%，流量为5L/s时，去除率为33.7%。随着流量的增大，去除率之间的差值依次为5.7%、1.1%、27.4%和14.1%，结合图3.9可知，当流量小于溢流流量时，双旋流快速净化小试试验装置在不同进水流量条件下的去除率相差较小，但当超过溢流流量时，同一粒径的污染物去除率明显降低。

结合前文的分析结果，在双旋流快速净化小试试验装置对石英砂的去除率达到80%以上时，流量为1L/s条件下的粒径为101μm，流量为2L/s和3L/s条件下的粒径为143μm，流量为4L/s和5L/s条件下的粒径为196μm，即随着流量的增大，双旋流快速净化小试试验装置具备较高去除率所对应的石英砂粒径逐渐增大。

随着流量的增大，双旋流快速净化小试试验装置对污染物的去除率逐渐降低。这是因为当流量较小时，水体在设备中的流场非常稳定，这非常有利于水体中污染物的分离，同时由于流量较小时水体在设备内停留的时间较长，这大大增加了设备对水体中污染物去除的反应时间，使得水体中污染物的去除率比较高；当流量增大时，会迅速减少水体在设备内的水力停留时间，同时流量的增大会在一定程度上使得水体在设备内的流场的稳定性降低，从而进一步降低设备对水体中污染物的去除率。

4L/s 和 5L/s 流量条件下的去除率随粒径的变化没有在小流量条件下的变化明显，产生这种现象主要是因为：随着流量的增大，水体在设备内容易产生紊流，使得设备去除水体中石英砂的临界粒径变大，同时不是相对稳定状态。

利用 origin 软件对不同进水流量条件下的去除率进行拟合，发现不同进水流量条件下的砂子去除率与粒径有着非线性相关性。

双旋流快速净化小试试验装置在不同流量条件下的参数值见表 3.1。

表 3.1　　　　双旋流快速净化小试试验装置在不同进水流量条件下的参数值

流量/(L/s)	A_1	A_2	x_0	p	残差平方和	R^2
1	19.1349	100.5434	72.7623	3.5067	106.7006	0.9834
2	12.9096	97.3755	80.6676	3.7493	99.8282	0.9863
3	9.6198	100.9859	74.3395	2.3969	143.0094	0.9779
4	6.3388	101.2940	106.2393	2.7689	75.9924	0.9901
5	3.6378	103.6444	127.3160	2.6942	143.6100	0.9822

由表 3.1 可以看出，在不同进水流量条件下，设备的去除率与粒径都有着很好的相关性，R^2 都大于 0.9，并且可以发现，随着流量的增大，R^2 值波动变化显著，即先降低再升高最后降低。这主要是因为：当流量升高到一定程度时，设备去除石英砂主要靠石英砂自身的重力，在石英砂受到的重力与离心力作用都很弱的时候，设备内的污染物处于一种相对紊乱的状态，此时 R^2 在降低；当流量继续增大时，设备内污染物的去除主要是通过离心力作用实现的，此时 R^2 的值会升高；当流量继续增大时，水体在设备内的流场会存在很多紊流，影响设备对水体中污染物去除的不确定性，此时 R^2 值降低，相关性下降。双旋流快速净化小试试验装置在不同进水流量条件下的拟合曲线如图 3.10 所示。

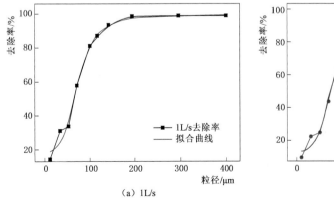

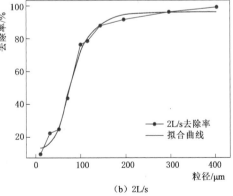

(a) 1L/s　　　　　　　　　　　　(b) 2L/s

图 3.10（一）　双旋流快速净化小试试验装置在不同进水流量条件下的拟合曲线

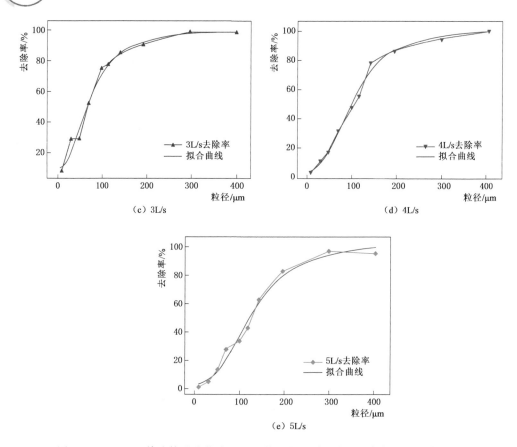

（c）3L/s

（d）4L/s

（e）5L/s

图 3.10（二） 双旋流快速净化小试试验装置在不同进水流量条件下的拟合曲线

设备在不同进水流量条件下的去除率与粒径都有着很好的相关性，双旋流快速净化小试试验装置在不同进水流量条件下的残差分布图如图 3.11 所示。随着流量的增大，残差偏离真实值先变大再变小最后变大，离散程度也是先变大再变小最后变大，这也很好地解释了随着流量的增大，R^2 值波动变化显著，R^2 值先降低再升高最后降低的现象。

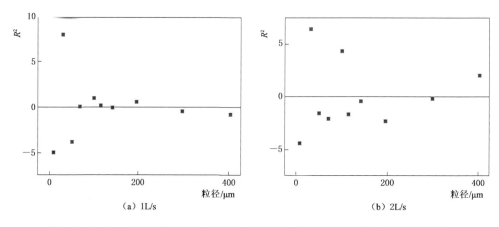

（a）1L/s

（b）2L/s

图 3.11（一） 双旋流快速净化小试试验装置在不同进水流量条件下的残差分布

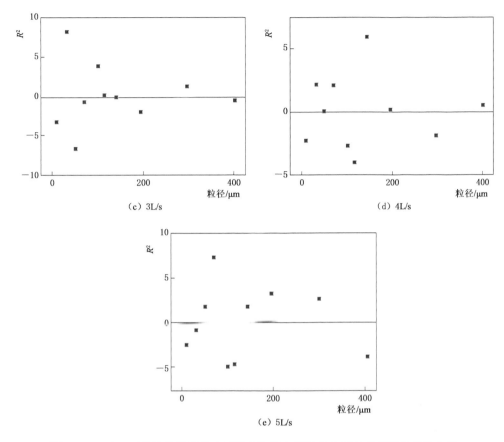

（c）3L/s　　　　　（d）4L/s

（e）5L/s

图 3.11（二）　双旋流快速净化小试试验装置在不同进水流量条件下的残差分布

由图 3.11 可以看出，同一粒径的污染物，随着流量的增大，双旋流快速净化小试试验装置的去除率总体呈降低趋势，所有粒径污染物的去除率随着流量的变化而变化。双旋流快速净化小试试验装置在不同进水流量条件下的去除率如图 3.12 所示。

由图 3.12 可以看出，$32\sim71\mu m$ 粒径的污染物，当流量由 1L/s 增大到 2L/s 时，其去除率是降低的；当流量由 2L/s 增大到 3L/s 时，其去除率是升高的；流量由 3L/s 继续增大，其去除率是降低的。产生这种现象主要是因为：当流量为 1L/s 时，设备中的流场变化不明显，旋流作用较弱，水体中的石英砂主要是通过自身的重力沉降作用来去除的；当流量增大到 2L/s 时，水体在设备内的旋流作用增强，但是由于流量相对来说仍是非常小的，旋流作用增加不够明显，同时由于流量增大，水体在设备内的水力停留时间大大缩

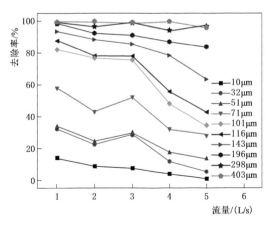

图 3.12　双旋流快速净化小试试验装置在
不同进水流量条件下的去除率

短，大大降低了污染物自身的重力沉降作用，所以此时水体中石英砂的去除率快速降低；当流量由 2L/s 增大到 3L/s 时，水体在设备内的水力停留时间同样会大大缩短，使得污染物自身的重力沉降作用进一步降低，但是由于流量增大，水体在设备内的旋流作用明显增强，此时设备内的旋流作用成为去除污染物的主要因素，所以水体中污染物的去除率有所提高；当流量由 3L/s 增大到 5L/s 时，水体在设备中的旋流作用会继续增强，但是大流量时水体在设备内的流场不稳定，会产生局部的紊流，同时大流量时设备内水体中污染物的自身重力沉降作用非常弱，所以随着流量的增大，设备对水体中污染物的去除率有所降低。

同样，利用 Origin 软件对同一粒径在不同进水流量条件下的去除率与流量进行线性分析，得到不同粒径条件下流量与去除率的相关性见表 3.2。表 3.2 表明，随着粒径的增大，斜率先升高后降低，R^2 值先降低再升高最后降低，出现这种现象主要是因为，在小粒径的情况下，随着流量的增大，粒径增大得越多其去除率变化得越快，使其斜率快速升高，当粒径继续增大时，其去除率本身已经达到高值，此时随着流量的变化，去除率变化不明显，所以随着粒径的继续增大，斜率变小；同时可以看出，在小粒径的情况下，去除率本身很低且离心及重力沉降等作用不明显，使其 R^2 值相对较高，随着粒径的增大，其 R^2 值在降低，当粒径继续增大时，离心作用的权重增加，且其变化随着流量的变化而比较敏感，所以此时 R^2 值增大，当粒径增大到一定程度时，由于其本身的去除率非常高，且斜率非常小，使得 R^2 值快速降低。

表 3.2　　　　　　　　　　　不同粒径条件下流量与去除率的相关性

粒径/μm	斜率	R^2	粒径/μm	斜率	R^2
10	-3.03	0.9475	116	-11.22	0.8897
32	-6.29	0.7279	143	-7.07	0.8815
51	-4.76	0.7475	196	-3.66	0.9539
71	-7.14	0.6988	298	-0.74	0.0578
101	-12.51	0.8414	403	-0.75	0.3492

4. 粒径-流量与双旋流快速净化小试试验装置去除率的关系

根据污染物粒径、流量对双旋流快速净化小试试验装置去除率影响试验的结果，作粒径-流量-去除率三维曲面图如图 3.13 所示。

从粒径-流量-去除率的三维曲面图可以看出，去除率的大小和粒径、流量有关，使用 1stOpt 软件，采用麦夸特法＋通用全局优化法进行拟合，得到的非线性关系式为

$$E = \frac{P_1 + P_2 d + P_3 d^2 + P_4 d^3 + P_5 Q}{1 + P_6 d + P_7 d^2 + P_8 Q + P_9 Q^2}, R^2 = 0.9818 \tag{3.1}$$

式中　　　　　　E——去除率，%；

　　　　　　　　d——粒径，μm；

　　　　　　　　Q——流量，L/s；

P_1，P_2，…，P_9——系数，取值见表 3.3。

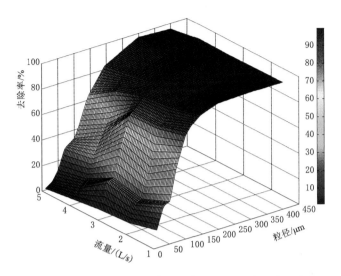

图 3.13　粒径-流量-去除率三维曲面图（双旋流快速净化
小试试验装置）

表 3.3　　　　　　　　　　　　　系数取值（双旋流快速净化小试试验装置）

系　数	值	系　数	值
P_1	15.4681593891043	P_6	-0.00985149945517821
P_2	0.0511308101980712	P_7	7.39123282093899E-5
P_3	0.00287152637794791	P_8	-0.102884695308904
P_4	6.27992025875566E-6	P_9	0.0316475511901829
P_5	-2.77187735212879		

5. 流量对双旋流快速净化小试试验装置压头损失的影响

在试验过程中，对不同进水流量条件下的试验，分别记录双旋流快速净化小试试验装置设备进水管与出水管的压差（以 H_2O 计），试验结果如图 3.14 所示。

由图 3.14 可以看出，双旋流快速净化小试试验装置的压头损失随着流量的增大而增加，且压头损失的增加速度越来越快。在流量由 0.5L/s 增加到 2L/s 时，压头损失增加平缓；当流量由 2L/s 增加到 5L/s 时，压头损失快速增加。产生这种现象是因为，当流量较小的时候，水体在设备内的流量非常稳定，排水非常流畅，所以此时设备的压头损失非常小；当流量增大时，水体在设备内的流场不稳定，且设备的过水能力一定，此时只能通过增加压头损失使得排水流畅，所以此时设备的压头损失增加得非常快。

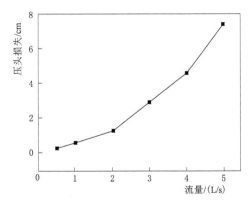

图 3.14　双旋流快速净化小试试验装置在
不同进水流量条件下的压头损失

压头损失 ΔP 与流量 Q 的拟合关系式为

$$\Delta P = 0.2935Q^2 - 0.0595Q + 0.3015, R^2 = 0.9985 \tag{3.2}$$

3.2 双旋流快速净化中试试验研究

双旋流快速净化中试试验的示范场平面布置及试验方案同太极流快速净化中试试验。

3.2.1 中试试验设备

双旋流快速净化装置直径为 1.219m，最大处理流量为 85L/s。

3.2.2 双旋流快速净化中试试验装置试内容与结果分析

1. 背景值试验结果分析

在试验过程中，虽然出水经过人工湿地净化，但是水体中还是有一定量的污染物，为此测定背景值，并分析其经过设备的去除率。在整个双旋流快速净化中试试验装置试验过程中，针对不同进水流量条件进行了2组背景试验，一共进行了12组背景浓度试验，试验结果如图3.15所示。

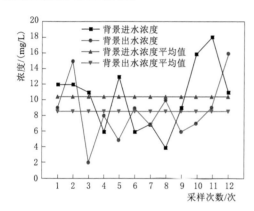

图 3.15 双旋流快速净化中试试验装置
背景试验进出水浓度

由图 3.15 可以看出，整个双旋流快速净化中试试验装置试验期间的进出水浓度都小于 20mg/L，小于目标浓度（大于 200mg/L）的 10%，双旋流快速净化中试试验装置试验过程中进水背景浓度值相对较小，对试验的影响可以忽略不计。同时通过图 3.15 可以看出，双旋流快速净化中试试验装置对进水中的背景污染物的去除率特别低，可以忽略不计。

整个双旋流快速净化中试试验装置试验过程中，背景浓度平均值是 8.6mg/L，在后续的试验过程中，将所有测得的双旋流快速净化中试试验装置出水浓度都减去出水背景浓度平均值。

2. 污染物浓度对双旋流快速净化中试试验装置去除率的影响分析

试验过程中，调节流量使其稳定到试验要求流量附近，记录流量数据，得到的数据见表 3.4。

表 3.4　　　　　　　浓度试验的进水流量（双旋流快速净化中试试验装置）

目标浓度/(mg/L)	200	500	1000
	73.0	73.8	71.7
	72.7	72.7	72.4
流量/(t/h)	73.8	72.4	72.7
	74.0	72.7	72.4
	73.3	72.4	71.7
平均值/(t/h)	73.36	72.80	72.18
标准差	0.5413	0.5788	0.4550
变异系数	0.0074	0.0080	0.0063

由表 3.4 可以看出，每组试验的进水流量的变异系数都小于 0.05，所以每组试验的流量都可以认定处于稳定状态，同时每组试验流量的平均值为 72.78t/h，标准差为 0.5903，变异系数为 0.0081，整组试验过程中的进水流量非常稳定，取平均流量 72.8t/h 作为实际流量，进水流量约为 20L/s。

进水流量取 20L/s，并计算出目标浓度。处理后的实际出水浓度为出水浓度减去出水背景浓度平均值（8.6mg/L），不同浓度条件下的去除率如图 3.16 所示。

由图 3.16 可以看出，设备的去除率受浓度的影响特别小，可以不考虑。由此试验可以得出设备的去除率与进水中污染物的浓度无关。

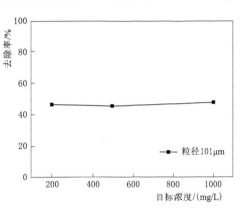

图 3.16 不同浓度条件下的去除率

3. 污染物粒径对双旋流快速净化中试试验装置去除率的影响分析

为研究不同粒径的固体污染物对双旋流快速净化装置去除率的影响，在试验时，往水体中分别加入粒径为 $10\mu m$、$32\mu m$、$51\mu m$、$71\mu m$、$101\mu m$、$116\mu m$、$143\mu m$、$196\mu m$、$298\mu m$ 和 $403\mu m$ 的污染物，将含有不同粒径污染物的水体分别利用双旋流快速净化装置进行试验。

试验过程中，设置了 11L/s、20L/s、33L/s、44L/s、60L/s 和 76L/s 六种流量工况，分析砂子粒径大小对设备去除率的影响。

（1）11L/s 流量条件下的粒径试验。试验过程中，调节流量，使其稳定到试验要求的流量附近，记录流量数据，得到的进水流量值见表 3.5。

表 3.5　　　　　　　　　　　进 水 流 量 值 （11L/s）

粒径/μm	10	32	51	71	101	116	143	196	298	403
	40.2	38.6	38.9	39.1	39.6	39.6	38.0	39.5	40.0	39.5
	40.2	38.9	39.1	38.6	38.9	38.9	38.3	39.2	39.5	39.5
	39.4	39.4	39.6	38.6	38.1	39.1	38.7	39.4	41.3	38.7
流量/(t/h)	39.1	40.4	39.4	39.1	39.6	39.6	38.7	39.5	40.2	38.2
	38.9	40.2	38.9	39.4	39.4	39.6	39.7	39.7	40.0	38.7
	39.1	38.6	39.4	39.6	39.6	40.2	41.3	40.0	38.7	40.2
平均值	39.5	39.4	39.2	39.1	39.2	39.5	39.1	39.6	40.0	39.1
标准差	0.578	0.794	0.293	0.408	0.603	0.456	1.214	0.274	0.855	0.728
变异系数	0.015	0.020	0.007	0.010	0.015	0.012	0.031	0.007	0.021	0.019

由表 3.5 可以看出，每组试验的进水流量的变异系数都小于 0.05，每组试验的流量可认为处于稳定状态，同时每组试验流量的平均值为 39.4t/h，标准差为 0.271，变异系数为 0.007，可以认为整组试验过程中的进水流量非常稳定，流量都是一样的。因此，取平均流量 39.4t/h 作为实际流量，进水流量约为 11L/s。

进水流量取 11L/s，并计算出目标浓度，对得到的数据进行分析处理，不同浓度条件下对不同粒径污染物的去除率如图 3.17 所示。

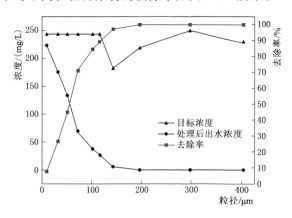

图 3.17 双旋流快速净化中试试验装置在 11L/s 进水流量条件下对不同粒径污染物的去除率

由图 3.17 可以看出，在流量为 11L/s 的条件下，双旋流快速净化中试试验装置对水体中污染物的去除率随着粒径的变大而提高，在污染物粒径由 $10\mu m$ 变大到 $70\mu m$ 时，去除率快速提高，当污染物粒径继续变大至 $143\mu m$ 时，去除率缓慢提高，当粒径继续提高，去除率升高得特别缓慢，且去除率达到最大值 100%。

在流量为 11L/s 的条件下，双旋流快速净化中试试验装置对水体中粒径为 $101\mu m$ 及以上的污染物的去除率高于 80%，对粒径为 $143\mu m$ 及以上的污染物的去除率高于 90%，对粒径为 $196\mu m$ 及以上的污染物的去除率均为 100%。这说明在流量为 11L/s 时，双旋流快速净化中试试验装置去除污染物的临界粒径为 $196\mu m$，当污染物粒径小于临界粒径时，双旋流快速净化中试试验装置对污染物的去除率受粒径影响较大，当污染物粒径大于或等于临界粒径时，去除率达到最大。

(2) 20L/s 流量条件下的粒径试验。试验过程中，调节流量，使其稳定到试验要求的流量附近，记录流量数据，得到的进水流量值见表 3.6。

表 3.6　　　　　　　　　　　进 水 流 量 值（20L/s）

粒径/μm	10	32	51	71	101	116	143	196	298	403
	72.5	73.7	72.2	71.0	73.0	72.5	73.0	74.2	72.7	73.5
	71.7	72.5	71.7	70.7	72.7	72	71.7	73.2	73.7	73.5
流量/(t/h)	72.5	71.2	71.7	71.2	73.8	73.0	72.4	72.7	73.2	72.7
	72.2	72.5	71.2	71.5	74.0	74.0	73.0	72.2	74.2	72.4
	71.7	72.5	70.7	72.5	73.3	73.3	73.0	72.7	73.7	71.7
平均值/(t/h)	72.1	72.5	71.5	71.4	73.4	73.0	72.6	73.0	73.5	72.8
标准差	0.402	0.884	0.570	0.691	0.541	0.764	0.576	0.758	0.570	0.767
变异系数	0.006	0.012	0.008	0.010	0.007	0.010	0.008	0.010	0.008	0.011

由表 3.6 可以看出，每组试验的进水流量的变异系数都小于 0.05，每组试验的流量都处于稳定状态，同时每组试验流量的平均值为 72.57t/h，标准差为 0.7177，变异系数为 0.0099，可以认为整组试验过程中的进水流量非常稳定，流量都是一样的。取平均流量 72.6t/h 作为实际流量，进水流量为 20L/s。

进水流量取 20L/s，并计算出目标浓度，对得到的数据进行分析处理，不同浓度条件下对不同粒径污染物的去除率如图 3.18 所示。

由图 3.18 可以看出，在流量为 20L/s 的条件下，双旋流快速净化中试试验装置对水体中污染物的去除率随着粒径的变大而提高，在污染物的粒径由 10μm 变大到 196μm 时，去除率快速提高，并达到最大值 100%。双旋流快速净化中试试验装置对水体中粒径为 143μm 及以上的污染物的去除率高于 80%，对粒径为 196μm 及以上的污染物的去除率均为 100%。

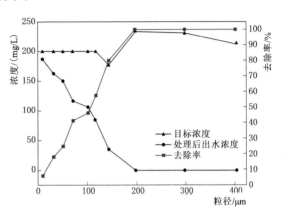

图 3.18　双旋流快速净化中试试验装置在 20L/s
进水流量条件下对不同粒径污染物的去除率

由此可以说明，在流量为 20L/s 时，双旋流快速净化中试试验装置去除污染物的临界粒径为 196μm，当污染物粒径小于临界粒径时，双旋流快速净化中试试验装置对污染物的去除率受粒径影响较大，当污染物粒径大于或等于临界粒径时，去除率为最大值 100%。

（3）33L/s 流量条件下的粒径试验。试验过程中，调节流量，使其稳定到试验要求的流量附近，记录流量数据，得到的进水流量值见表 3.7。

表 3.7　　　　　　　　　　进 水 流 量 值 （33L/s）

粒径/μm	10	32	51	71	101	116	143	196	298	403
流量/(t/h)	118.5	122.4	120.6	118.5	120.3	118.3	118.5	118.5	117.0	118.3
	118.0	121.3	120.1	120.8	118.5	119.0	117.3	118.5	118.3	119.2
	119.0	120.3	120.3	122.1	117.3	120.3	116.5	119.3	119.0	118.5
	122.0	119.3	118.0	118.5	116.8	116.5	118.5	117.8	118.0	119.0
平均值/(t/h)	119.4	120.8	119.8	120.0	118.2	118.5	117.7	118.5	118.2	118.8
标准差	1.797	1.330	1.185	1.784	1.556	1.584	0.98	0.613	0.835	0.42
变异系数	0.015	0.012	0.01	0.015	0.013	0.013	0.008	0.005	0.007	0.004

由表 3.7 可以看出，每组试验的进水流量的变异系数都小于 0.05，每组试验的流量都处于稳定状态，同时每组试验流量的平均值为 119t/h，标准差为 0.972，变异系数为 0.008，可认为整组试验过程中的进水流量非常稳定，流量都是一样的。取平均流量

119t/h 作为实际流量，进水流量为 33L/s。

　　进水流量取 33L/s，并计算出目标浓度，对得到的数据进行分析处理，对不同粒径污染物的去除率如图 3.19 所示。

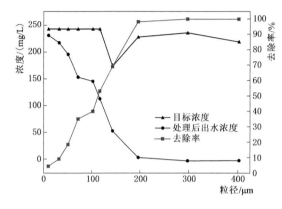

图 3.19　双旋流快速净化中试试验装置在 33L/s
进水流量条件下对不同粒径污染物的去除率

　　由图 3.19 可以看出，在流量为 33L/s 的条件下，双旋流快速净化中试试验装置对水体中污染物的去除率随着粒径的变大而提高，在污染物的粒径由 10μm 变大到 196μm 时，去除率快速提高，并达到最大值 100%。双旋流快速净化中试试验装置对水体中粒径为 143μm 及以上的污染物的去除率高于 80%，对粒径为 196μm 及以上的污染物的去除率均为 100%，说明在流量为 33L/s 时，双旋流快速净化中试试验装置去除污染物的临界粒径为 196μm。

　　（4）44L/s 流量条件下的粒径试验。
试验过程中，调节流量，使其稳定到试验要求的流量附近，记录流量数据，得到的进水流量值见表 3.8。

表 3.8　　　　　　　　　　　　进 水 流 量 值（44L/s）

粒径/μm	10	32	51	71	101	116	143	196	298	403
流量/(t/h)	159.2	160.2	157.9	160.0	157.9	158.7	157.9	158.4	158.7	158.4
	159.7	159.7	158.4	159.7	157.1	158.9	157.1	159.9	157.9	159.7
	160.5	158.9	160.5	159.9	157.0	157.9	158.2	159.7	158.2	157.9
	160.5	157.9	161.0	159.2	156.6	157.1	158.2	159.7	157.7	158.7
平均值/(t/h)	160.0	159.2	159.5	159.7	157.2	158.2	157.9	159.4	158.1	158.7
标准差	0.640	1.005	1.529	0.356	0.545	0.823	0.520	0.690	0.435	0.759
变异系数	0.004	0.006	0.010	0.002	0.003	0.005	0.003	0.004	0.003	0.005

　　由表 3.8 可以看出，每组试验的进水流量的变异系数都小于 0.05，每组试验的流量都处于稳定状态，同时每组试验流量的平均值为 158.8t/h，标准差为 0.922，变异系数为 0.006，可以认为整组试验过程中的进水流量非常稳定，流量都是一样的。取平均流量 158.8t/h 作为实际流量，进水流量为 44L/s。

　　进水流量取 44L/s，并计算出目标浓度，对得到的数据进行分析处理，对不同粒径污染物的去除率如图 3.20 所示。

　　由图 3.20 可以看出，在流量为 44L/s 时，双旋流快速净化中试试验装置对水体中污染物的去除率随着粒径的变大而提高，在粒径由 10μm 变大至 196μm 时，去除率快速提高，当粒径继续变大时，去除率缓慢提高，最后去除率趋于最大值 100%。

在流量为 44L/s 条件下，当污染物粒径超过 196μm 时，去除率高于 80%，当污染物粒径超过 298μm 时，去除率趋于或达到 100%，随着粒径的增大，双旋流快速净化中试试验装置对 403μm 粒径污染物的去除率达到 100%，说明在流量为 33L/s 时，双旋流快速净化中试试验装置去除污染物的临界粒径为 403μm。

（5）60L/s 流量条件下的粒径试验。试验过程中，调节流量，使其稳定到试验要求的流量附近，记录流量数据，得到的进水流量值见表 3.9。

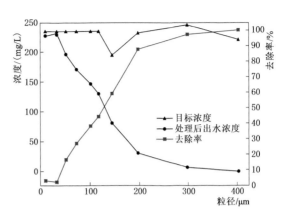

图 3.20 双旋流快速净化中试试验装置在 44L/s 进水流量条件下对不同粒径污染物的去除率

表 3.9 进 水 流 量 值 （60L/s）

粒径/μm	10	32	51	71	101	116	143	196	298	403
	215.0	218.5	217.5	217.5	217.5	217.5	216.5	217.5	216.0	216.0
流量/(t/h)	216.5	218.5	217.5	216.0	218.5	217.5	217.5	215.0	217.5	217.5
	218.5	217.7	216.0	217.0	217.5	218.0	217.5	216.5	216.5	217.5
平均值/(t/h)	216.7	218.2	217.0	216.8	217.8	217.7	217.2	216.3	216.7	217.0
标准差	1.756	0.462	0.866	0.764	0.577	0.289	0.577	1.258	0.764	0.866
变异系数	0.008	0.002	0.004	0.004	0.003	0.001	0.003	0.006	0.004	0.004

由表 3.9 可以看出，每组试验的进水流量的变异系数都小于 0.05，每组试验的流量都处于稳定状态，同时每组试验流量的平均值为 217.1t/h，标准差为 0.595，变异系数为 0.003，可以认为整组试验过程中的进水流量非常稳定，流量都是一样的。取平均流量 217.1t/h 作为实际流量，进水流量约为 60L/s。

进水流量取 60L/s，并计算出目标浓度，对得到的数据进行分析处理，对不同粒径污染物的去除率如图 3.21 所示。

由图 3.21 可以看出，在流量为 60L/s 时，双旋流快速净化中试试验装置对水体中污染物的去除率随着粒径的变大先缓慢提升再快速升高最后趋于平缓，产生上述现象主要是因为，当污染物粒径非常小，在 10~32μm 时，污染

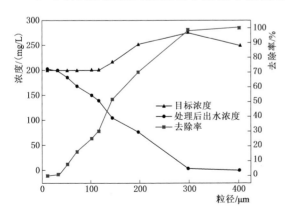

图 3.21 双旋流快速净化中试试验装置在 60L/s 进水流量条件下对不同粒径污染物的去除率

物本身的物理特性及双旋流快速净化中试试验装置对其去除率的影响不大；当污染物粒径在 32～298μm 范围内时，去除污染物主要依靠旋流产生的离心力与重力沉降，所以随着污染物粒径的变大，去除率快速提高，粒径的增大对去除率的影响非常明显；当污染物粒径为 298μm 时，去除率达到稳定值，并趋于去除率最大值 100%，在粒径为 403μm 时，去除率达到最大值。在流量为 60L/s 时，双旋流快速净化中试试验装置去除污染物的临界粒径为 403μm。

（6）76L/s 流量条件下的粒径试验。试验过程中，调节流量，使其稳定到试验要求的流量附近，记录流量数据，得到的进水流量值见表 3.10。

表 3.10　　　　　　　　　　　　　进 水 流 量 值（76L/s）

粒径/μm	10	32	51	71	101	116	143	196	298	403
流量/(t/h)	275.0	273.0	275.0	276.0	272.0	272.0	272.0	273.0	272.0	273.0
	275.0	274.0	275.0	273.0	270.0	274.0	272.0	272.0	272.0	270.0
	272.0	275.0	275.0	273.0	273.0	273.0	273.0	272.0	272.0	270.0
平均值/(t/h)	274.0	274.0	275	274.0	271.7	273.0	272.3	272.3	272.0	271.0
标准差	1.732	1.000	0	1.732	1.528	1.000	0.577	0.577	0	1.732
变异系数	0.006	0.004	0	0.006	0.006	0.004	0.002	0.002	0	0.006

由表 3.10 可以看出，每组试验的进水流量的变异系数都小于 0.05，可以认为每组试验的流量都处于稳定状态，同时每组试验流量的平均值为 272.9t/h，标准差为 1.275，变异系数为 0.005，可以认为整组试验过程中的进水流量非常稳定，流量都是一样的。取平均流量 272.9t/h 作为实际流量，为数据处理方便取实际流量为 76L/s。

进水流量取 76L/s，并计算出目标浓度，对得到的数据进行分析处理，对不同粒径污染物的去除率如图 3.22 所示。

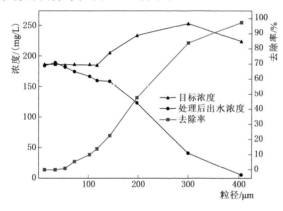

图 3.22　双旋流快速净化中试试验装置在 76L/s 进水流量条件下对不同粒径污染物的去除率

由图 3.22 可以看出，在流量为 76L/s 时，在双旋流快速净化中试试验装置对水体中污染物的去除率随着粒径的变大先缓慢提升再快速升高最后趋于平缓。产生上述现象是因为，在大流量的情况下，双旋流快速净化中试试验装置对水体中污染物的切割粒径非常大，同时小粒径的污染物在大流量情况下，去除率非常低且不稳定，所以在小粒径的范围内，粒径变大之于双旋流快速净化中试试验装置对污染物的去除率影响不大。在大流量的情况下，双旋流快速净化中试试验装置随污染物粒径大小在切割粒径附近变化时，去除率的变化没有在小流量的情况下明显，这主要是因为，在大流量的情况下，水体产生的流场非常不稳定，同时粒径自身大小的影响也没有小流量的情况下明显，所以在大流量的情况下，双旋流快速净化中试试验装置对水体中污染物去除率的变化没有小流量的情况下明显。在流量为 76L/s 时，双旋流快速净化中试试验装置去除污染物的临界粒径大于 $403\mu m$。

（7）粒径对双旋流快速净化中试试验装置去除率的影响分析。结合上述试验结果分析可知，在 11L/s、20L/s、33L/s、44 L/s、60 L/s 和 76L/s 六种进水流量条件下，双旋流快速净化中试试验装置对水中污染物的去除率都是随着颗粒污染物粒径的增大而提高的，且都存在一个临界粒径。对于粒径小于临界粒径的污染物，双旋流快速净化中试试验装置的去除率受粒径影响较大；对于粒径不小于临界粒径的污染物，双旋流快速净化中试试验装置的去除率均为最大值。

在流量为 11 L/s、20 L/s 和 33 L/s 的条件下，双旋流快速净化中试试验装置对污染物的去除率是随着粒径的增大而快速提高的。在流量较小的情况下，污染物有足够的水力停留时间，依靠重力沉降到双旋流快速净化中试试验装置底部，小粒径污染物可以吸附在水体中的悬浮物上，较大粒径的污染物受到的重力较大，所以随着粒径的增大，去除率快速提高，并趋于稳定直至达到最大值 100%。

在流量为 44 L/s、60L/s 和 76 L/s 的条件下，双旋流快速净化中试试验装置对粒径为 $10\sim32\mu m$ 的污染物的去除率都是随着粒径的增大而降低的；大于 $32\mu m$ 的，随着粒径的增大，去除率快速提高，直到趋于最大值或达到最大值。这主要是因为，污染物粒径非常小时，进水中含有一定浓度的悬浮物，污染物本身的去除率非常低，而更小粒径的污染物面对悬浮物时会吸附、絮凝和沉降，所以粒径为 $10\sim32\mu m$ 时，随着污染物粒径的变大，双旋流快速净化中试试验装置对污染物的去除率降低。流量较大时，污染物的水力停留时间减少，且流场发生紊乱，吸附在细小悬浮物上的小粒径污染物受到的重力作用较小，不能在短时间内沉降，而是随着水体旋转运动产生的旋流排出，导致去除率下降。当污染物粒径继续变大时，污染物的去除主要依靠为旋流产生的离心力与重力沉降作用，随着粒径的增大，污染物受到的重力和离心力都增大，所以去除率快速提高。

4. 进水流量对双旋流快速中试试验装置去除率的影响分析

试验过程中，研究了在不同流量条件下双旋流快速净化中试试验装置对砂子去除率的影响。在试验过程中，双旋流快速净化中试试验装置的最大处理能力为 85L/s，通过现场试验及观察可以发现，当进水流量达到 60L/s 时，去除率会明显降低。同时，在大流量的情况下，试验操作的不稳定性非常大，所以此试验过程中，污染物去除率的试验最大流量达到 76L/s，不同进水流量条件下的去除率如图 3.23 所示。

由图 3.23 可以看出，双旋流快速净化中试试验装置对相同粒径污染物的去除率随着流量的增大而降低。如对于

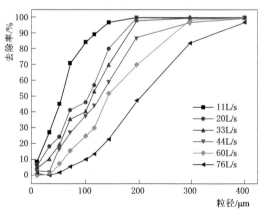

图 3.23 双旋流快速净化中试试验装置在
不同流量条件下的去除率

粒径为 $101\mu m$ 的污染物，流量为 11L/s 时，去除率为 83.4%；流量为 20L/s 时，去除率为 46.3%；流量为 33L/s 时，去除率为 40.1%；流量为 44L/s 时，去除率为 38.1%；流量为 60L/s 时，去除率为 25.2%；流量为 76L/s 时，去除率仅为 10.2%。出现这种现象主要是因为，小流量时，水力停留时间非常长，大大增加了设备对水体中污染物的捕捉、沉淀的反应时间。同时在小流量的情况下，水体流速缓慢，有利于水体中污染物的沉积，这大大提高了设备对污染物的去除率；当流量增大时，水力停留时间快速变短，这不利于水体中污染物的去除，同时水体流场相对紊乱，非常不利于污染物的沉积。当流量较大时，进水中有一部分水体通过旁路直接溢流到出水管中，这样大大降低了设备的去除率。

利用 origin 软件对不同进水流量条件下的去除率进行拟合，发现不同进水流量条件下的污染物去除率与粒径有着非线性相关性，得到非线性公式。公式同式（2.4）。

双旋流快速净化中试试验装置参数值见表 3.11。

表 3.11　　　　　　　　　双旋流快速净化中试试验装置参数值

流量/(L/s)	A_1	A_2	x_0	p	残差平方和	R^2
11	8.4794	101.7869	56.7739	2.7237	35.5541	0.9948
20	11.7079	106.9151	108.7275	2.7174	314.4184	0.9592
33	8.4428	106.9514	117.7060	2.8702	277.3699	0.9668
44	3.1092	108.7472	130.0075	2.4748	144.3651	0.9827
60	1.0690	110.2960	157.1371	2.7589	78.7923	0.9910
76	1.1115	109.9373	214.1259	3.3370	8.8083	0.9989

由表 3.11 可以看出，在每种进水流量条件下，设备的去除率都与粒径有着非常好的相关性，R^2 都大于 0.9。同时可以发现，随着流量的增大，R^2 值与 1 先偏离后慢慢接近，这主要是因为，在大流量的情况下，去除率主要是受到水力影响，影响相对微小，所以相关性比较好。设备在不同进水流量条件下的拟合曲线如图 3.24 所示。

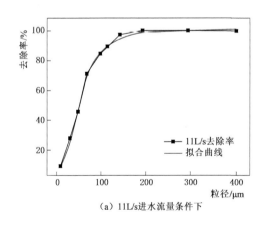

（a）11L/s进水流量条件下

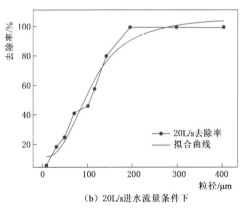

（b）20L/s进水流量条件下

图 3.24（一）　双旋流快速净化技术在不同进水流量条件下的拟合曲线

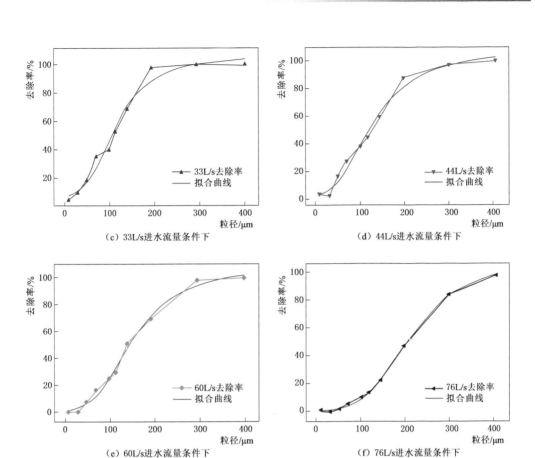

图 3.24（二） 双旋流快速净化技术在不同进水流量条件下的拟合曲线

同时，不同进水流量条件下的残差分布图也很好地说明了上述现象的产生，残差分布图如图 3.25 所示。

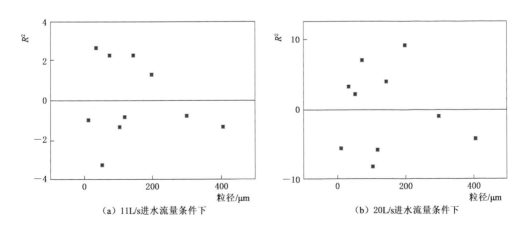

图 3.25（一） 双旋流快速净化中试试验装置在不同进水流量条件下的残差分布

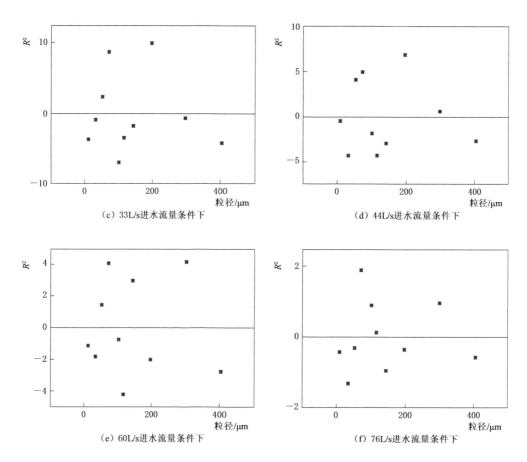

（c）33L/s进水流量条件下　　　　　　　　（d）44L/s进水流量条件下

（e）60L/s进水流量条件下　　　　　　　　（f）76L/s进水流量条件下

图 3.25（二）　双旋流快速净化中试试验装置在不同进水流量条件下的残差分布

对于同一粒径的污染物，随着进水流量的增大，双旋流快速净化中试试验装置的去除率总体是一个降低的趋势。所有粒径污染物在不同进水流量条件下的去除率如图 3.26 所示。

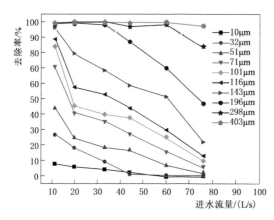

图 3.26　双旋流快速净化中试试验装置在不同进水流量条件下的去除率

同样，利用 Origin 软件对同一粒径在不同进水流量条件下的去除率与流量进行线性分析，得到的相关性见表 3.12。可以看出，双旋流快速净化中试试验装置在不同粒径条件下的去除率与流量有着明显的线性相关性，但是也可以看出，当粒径比较大的时候，其相关性不显著，主要是因为此时设备的去除率本身很高，试验本身的误差使其相关性不显著。

表 3.12 不同粒径进水流量与去除率的相关性

粒径/μm	斜率	R^2	粒径/μm	斜率	R^2
10	−0.1260	0.8885	116	−1.0132	0.9007
32	−0.4145	0.7947	143	−1.0251	0.9541
51	−0.5799	0.8391	196	−0.8267	0.8689
71	−0.8799	0.8662	298	−0.2035	0.5164
101	−0.9314	0.7929	403	−0.0283	0.3744

5. 粒径-流量与双旋流快速净化中试试验装置去除率的关系

根据污染物粒径、流量对双旋流快速净化中试试验装置去除率影响试验的结果，作粒径-流量-去除效率三维曲面图（图 3.27）。

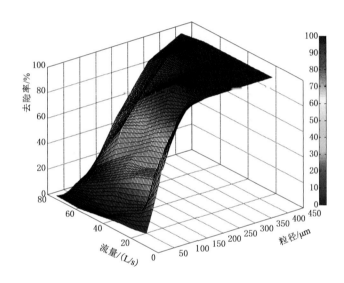

图 3.27 粒径-流量-去除率三维曲面图
（双旋流快速净化技术中试试验装置）

从粒径-流量-去除率三维曲面图可以看出，去除率的大小和粒径、流量有关，使用 1stOpt 软件，采用麦夸特法＋通用全局优化法进行拟合，得到的非线性关系式为

$$E = \frac{P_1 + P_2 d + P_3 d^2 + P_4 d^3 + P_5 Q}{1 + P_6 d + P_7 d^2 + P_8 Q + P_9 Q^2 + P_{10} Q^3}, R^2 = 0.9789 \qquad (3.3)$$

式中 E——去除率，%；

                  d——粒径，μm；

                  Q——流量，L/s；

P_1，P_2，…，P_{10}——系数，取值见表 3.13。

表 3.13 系数取值（双旋流快速净化中试试验装置）

系数	值	系数	值
P_1	2163.30827552312	P_6	-1.1227671589044
P_2	-9.14238665179555	P_7	0.0106440817814683
P_3	0.64737272367317	P_8	12.3717825868158
P_4	0.000720028219042523	P_9	-0.329950528172762
P_5	-40.9977335947506	P_{10}	0.00306198593525138

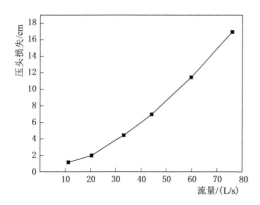

图 3.28 双旋流快速净化中试试验装置在
不同进水流量条件下设备的压头损失

6. 流量对双旋流快速净化中试试验装置
压头损失的影响

在试验过程中，对每个流量经过设备时，分别记录双旋流快速净化中试试验装置进水管与出水管的压差（以 H_2O 计），压头损失如图 3.28 所示。

由图 3.28 可以看出，双旋流快速净化中试试验装置的压头损失随着进水流量的增大而增加，且压头损失的增加速度越来越快。当流量较小的时候，水体在设备内的流量非常稳定，排水流畅，设备的压头损失非常小；当流量增加时，水体在设备内的流场不稳定且设备的过水能力一定，此时设备的压头损失增加非常快。压头损失 ΔP 与流量 Q 的拟合关系式为

$$\Delta P = 0.0021Q^2 + 0.0625Q + 0.1218, R^2 = 0.9996 \tag{3.4}$$

3.3 双旋流快速净化数值模型分析

3.3.1 双旋流快速净化设备概述

双旋流快速净化泥水分离器是一种以离心分离效果为主、综合自重沉降分离效果的泥水分离装置。主体是直径为 1.219m 的圆桶结构，有效高度约为 1.556m，顶部连通大气。流体入口距底部 1.092m，入口管与桶壁相切，并下倾斜 0.57°。出口距底部 1.718m，出口管位于中心线位置。双旋流快速净化泥水分离器设计图如图 3.29 所示。

3.3.2 双旋流快速净化设备模型建立

根据设备的设计图，建立数字几何模型，为了降低边界条件对水头高度的影响，模型中适当延长流体出入口的长度。双旋流快速净化设备几何模型如图 3.30 所示。

根据几何模型，使用流体建模软件进行模型划分。综合考虑计算精度及开销，模型最小尺寸为 3mm，最大模型尺寸为 48mm。总节点数为 715949，单元数为 656127。双旋流快速净化设备流体网格、外壳模型、内部遮流板结构模型分别如图 3.31～图 3.33 所示。

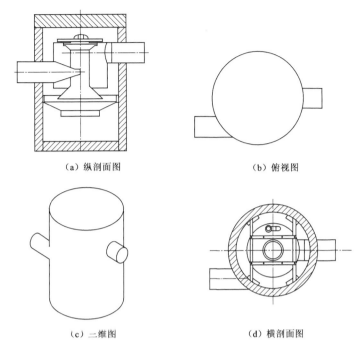

（a）纵剖面图　　　　　　　　（b）俯视图

（c）二维图　　　　　　　　（d）横剖面图

图 3.29　双旋流快速净化泥水分离器设计图

图 3.30　双旋流快速净化设备几何模型　　图 3.31　双旋流快速净化设备流体网格

图 3.32　双旋流快速净化设备外壳模型　　图 3.33　双旋流快速净化设备内部遮流板结构模型

67

3.3.3 双旋流快速净化设备数学模型方法

1. 大涡模拟控制方程

大涡模拟（large eddy simulation，LES）自 1970 年由 Deardorff 首次运用于湍流研究以后，就受到了科学界及工程界的关注。大涡模拟是把包括脉动运动在内的湍流瞬时运动量分解成大尺度运动和小尺度运动两部分。大尺度动力通过数值求解运动微分方程直接计算出来，小尺度运动对大尺度运动的影响则通过亚格子雷诺应力来模拟。

2. VOF 法

自由表面流动存在运动边界，一般需要对其进行特殊处理。VOF 模型通过引入流体体积组分函数及其控制方程来跟踪自由面的位置，可以较为精细地描述分离器中的水面变化，克服了静压假定和刚盖假定对变化剧烈的自由水面的限制和导致的压力场失真。

3. 颗粒 Lagrangian 运动控制方程（DPM 离散相模型）

考虑颗粒尺寸有所不同，对颗粒尺寸进行分组，即采用"计算粒子"的概念将颗粒群分成 k_p 组，每组称为一个计算粒子，它包含 n_k 个具有相同速度和位置的颗粒。将单位体积内 k 类粒子的数量用 n_{pk} 表示，则颗粒相的连续性方程和粒子的运动方程分别同式（2.21）和式（2.22）。

3.3.4 双旋流快速净化设备分析参数与工况

1. 双旋流快速净化技术设备分析参数

由于设备内存在水和空气两种流体介质，为了更好地描述气水交界面因此采用 VOF 两相流算法，水表面张力为 $0.072N/m^2$，重力加速度取 $9.8066m/s^2$。为了得到较好的结果，湍流模型采用大涡模拟模型。杂质利用 DPM 离散相模型从流体入口处添加。杂质粒子密度为 $2600kg/m^2$，粒径根据不同工况而定。

2. 双旋流快速净化设备分析工况

为深入了解流量以及杂质粒径对分离效果的影响，进行工况设计时，采用十字形的结构进行分析，即以流量 32L/s、杂质粒径 $101\mu m$ 为中心参考，分别改变粒径和流量进行对比，以反映其变化对去除率的影响，各工况分析参数见表 3.14。

表 3.14 各 工 况 分 析 参 数

工况	流量/(L/s)	粒径/μm	工况	流量/(L/s)	粒径/μm
1	11	101	5	40	101
2	21	101	6	60	101
3	26	101	7	32	32
4	32	101	8	32	196

3.3.5 双旋流快速净化技术设备分析结果

1. 水头损失分析

根据计算结果，选取出口位置的气水分界面，得到水面距出口管底部的平均高度，根据其平均高度，计算不同流量条件下设备的水头损失（表 3.15）。

表 3.15   计算不同流量条件下设备的水头损失

流量/(L/s)	水面绝对高度/m	相对出口根部高度（水头损失）/mm
11	1.279	20.8
21	1.296	37.9
26	1.308	50.3
32	1.320	61.0
40	1.327	69.0
60	1.350	91.3

根据表 3.15 的计算结果，随着流量的增大，设备的水面高度随之加大，且当流量达到 60L/s 时，水面高度基本达到了分离器内最大有效高度。11L/s、21L/s、26L/s、32L/s、40L/s 和 60L/s 流量条件下水面高度分别如图 3.34～图 3.39 所示。

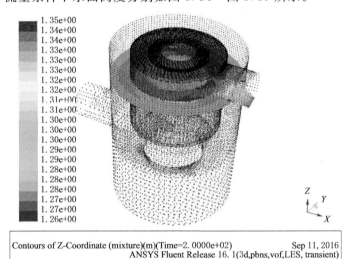

图 3.34   11L/s 流量条件下水面高度

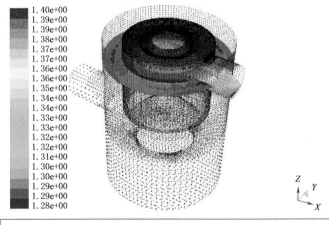

图 3.35   21L/s 流量条件下水面高度

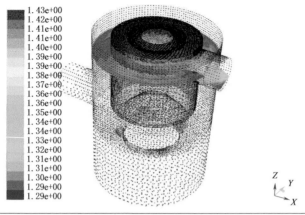

图 3.36　26L/s 流量条件下水面高度

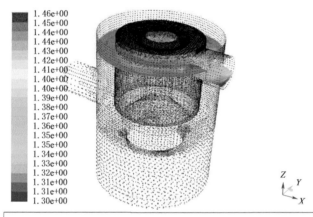

图 3.37　32L/s 流量条件下水面高度

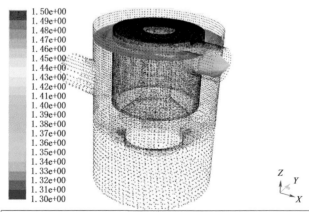

图 3.38　40L/s 流量条件下水面高度

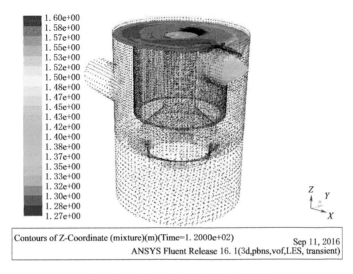

图 3.39　60L/s 流量条件下水面高度

2. 不同粒径条件下去除率分析

根据表 3.14 中的工况 4、工况 7、工况 8，得到相同流量（32L/s）条件下设备在不同粒径条件下的去除率（表 3.16）。

表 3.16　　　　　　　　　　设备在不同粒径条件下的去除率

流量/(L/s)	粒径/μm	投入量/g	存留量/g	去除率/%
32	32	49.24	5.40	10.96
	101	49.53	13.93	28.13
	196	49.82	35.60	71.46

由表 3.16 可以看出，在相同流量条件下，随着粒径的增大，设备对杂质的去除率随之提高。

3. 不同流量条件下去除率分析

根据表 3.14 中的工况 1～工况 6，得到相同粒径（101μm）条件下，设备在不同流量条件下的去除率见表 3.17。

表 3.17　　　　　　　　　　设备在不同流量条件下的去除率

粒径/μm	流量/(L/s)	存留量/g	投入量/g	去除率/%
101	11	39.02	49.97	78.09
	21	25.74	50.00	51.48
	26	20.21	49.94	40.47
	32	13.93	49.53	28.13
	40	12.97	48.65	26.66
	60	12.51	47.18	26.51

由表 3.17 可以看出，在粒径相同的情况下，随着流量的增大，设备对杂质的去除率随之下降。

4. 实验对比与误差分析

$101\mu m$ 粒径条件下试验结果和计算结果的流量-去除率曲线如图 3.40 所示。

由图 3.40 可以看出，计算结果与试验结果总体的变化趋势是相同的，但是在相同流量条件下，试验结果的去除率大多高于计算结果。

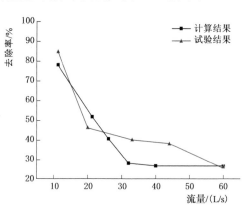

图 3.40 $101\mu m$ 粒径条件下试验结果和计算结果的流量-去除率曲线

5. 刚性壁面边界条件分析

当含有杂质的水体进入设备，并与设备内壁面发生接触后，杂质粒子会与壁面发生碰撞与刮擦。在此过程中，会产生能量损失，并且有部分杂质颗粒黏附在设备壁面上。

由于缺乏类似设备的详细参考数据，且该行为会因为设备洁净度及生产差异而产生一定的随机性，为了保守起见，本次分析忽略了该效应的影响，在 DPM 离散相模型中采用了刚性壁假设，认为粒子碰到设备壁面后发生了刚性碰撞，没有产生损失及黏附，无动量及能量损失。

进行数据对比并发现数值上有一定差异后，使用中心参数（流量 32L/s，粒径 $101\mu m$）进行了补充分析。本次分析中，DPM 离散相模型的壁面采用捕捉壁面模型，该模型认为接触到壁面的粒子会被壁面捕捉并完全黏附在壁面上。根据该假设，得到不同壁面假设下试验数据的去除率对比（表 3.18）。

表 3.18 不同壁面假设下试验数据的去除率对比

数据类型	去除率/%
刚性壁面假设	28.13
壁面捕捉假设	52.34
两类假设平均值	40.24
试验数据	40

由表 3.18 可以发现，不同壁面条件对于设备的去除率确实存在较大影响，且该条件在实际情况下也存在一定的不确定性，因此在以后的工作中需要一定的试验参数作为基础，通过修正壁面模型得到更为精确的结果。

6. 试验采样方式及时刻影响

试验的测量方式是，加入杂质后一定时间，然后测量流出杂质总量，以此测定设备的去除率；终止时间是根据水力停留时间并增加一定裕度来确定的。根据设备容积及流速，在 32L/s 流量条件下，设备的水力停留时间应该在 55s 左右。加入杂质时刻（40s）、加入杂质通过水力停留时间时刻（95s）以及计算终止时刻（165s）杂质在设备内的状态分别如图 3.41～图 3.43 所示。

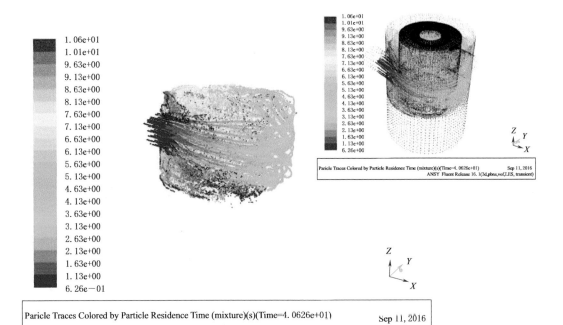

图 3.41　加入杂质时刻（40s）杂质在设备内的状态

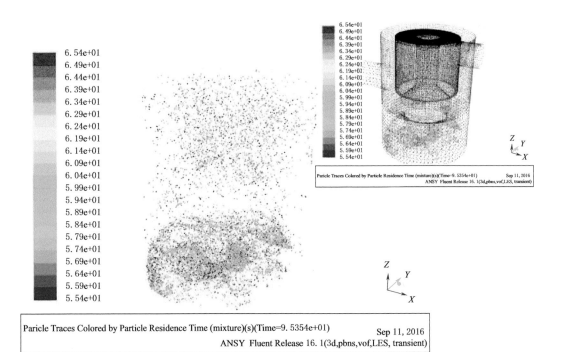

图 3.42　加入杂质通过水力停留时间时刻（95s）杂质在设备内的状态

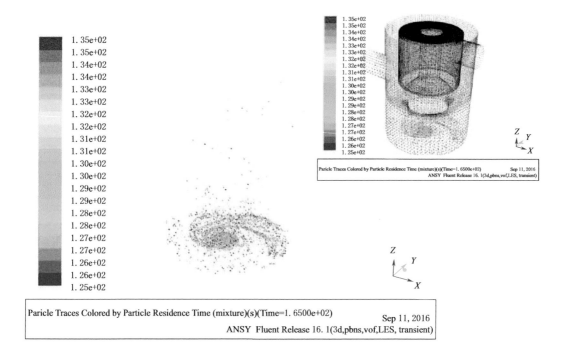

图 3.43　计算终止时刻（165s）杂质在设备内的状态

由图 3.41～图 3.43 可见，由于杂质与水的质量、速度均存在较大差异，因此经过水力停留时间后，还需要相当长时间，杂质才能完全稳定沉降至设备底部。试验中无法详细观测实际的稳定时间，加之试验方法的原因，如果在杂质完全稳定前停止试验，就造成试验去除率偏高。在计算结果中提取杂质未完全终止时刻的去除率数据发现，确实会造成去除率偏高，但偏高程度有限（不高于 3％）。因此，试验终止时刻造成的误差只是次要因素，壁面假设因素才是造成误差的主要原因。

3.3.6　双旋流快速净化设备分数值模型分析结论

（1）随着流量的增大，设备水头损失增加，且出入口液位高度均随之增加。

（2）相同流量条件下，随着粒径的增大，设备去除率随之提高。

（3）相同粒径条件下，随着流量的增大，设备去除率随之下降，当流量增大到一定数值后，去除率的下降趋势明显减缓。

（4）壁面条件的不同对于设备的去除率有一定的影响。

3.4　双旋流快速净化设备改进模型分析

基于太极流快速净化型及双旋流快速净化型泥水分离器的试验及数值分析结果，双旋流快速净化型泥水分离器的去除率明显高于太极流快速净化型，因此选择以双旋流快速净化型泥水分离器为基础进行结构优化，以进一步提高泥水分离器的去除率。

3.4.1 双旋流快速净化设备有效工作区域长度增加影响分析

根据双旋流快速净化数值模型分析结果，发现设备有效工作区域在漏斗结构以上，相对于整个设备而言，区域较小，且漏斗结构对于去除粒子的沉降作用存在不利影响，设备稳态条件下的流线图如图3.44所示。基于以上发现，经讨论，本次改进方案主要集中于加长设备长度，以增加有效工作区域尺寸，分析改进方案中对去除率产生影响的因素。

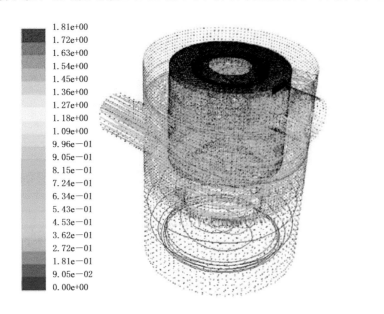

图3.44　设备稳态条件下的流线图（32L/s）

1. 分析参数

分析过程中使用的模型为大涡模拟控制方程、VOF法与颗粒Lagrangian运动控制方程（DPM离散相模型）。由于设备内存在水和空气两种流体介质，为了更好地描述气水交界面，采用VOF两相流算法，水表面张力为$0.072N/m^2$，重力加速度取$9.8066m/s^2$。为了得到较好的结果，湍流模型采用大涡模拟模型。杂质使用DPM离散相模型从流体入口处添加。杂质粒子密度为$2600kg/m^2$。粒径根据不同工况而定。

2. 工况分析

根据前文有关双旋流快速净化泥水分离器数值流场分析，以32L/s、$101\mu m$粒径的结果作为参考数据，与保持漏斗结构以下尺寸并增加设备长度的结果进行对比，工况分析见表3.19。

3. 有限元模型

本书分析采用的有限元模型即基于前文有关双旋流快速净化泥水分离器数值流场分析中的有限元模型经过局部修改（加长设备有效工作区域长度）和改进而来，基本设置均与之相同，具体单元数量由于尺寸增加和

表 3.19	工　况　分　析	
工况	夹角/(°)	增加尺寸/mm
1（标准）	0.57	0
2	0.57	150
3	0.57	300
4	0.57	450

调整而略有变化。加长 150mm、300mm、450mm 几何模型及有限元模型分别如图 3.45~
图 3.47 所示。

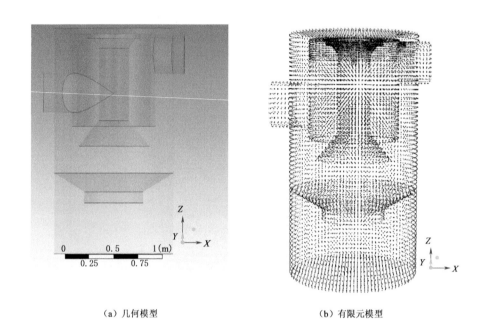

（a）几何模型　　　　　　　　　　（b）有限元模型

图 3.45　加长 150mm 几何模型及有限元模型

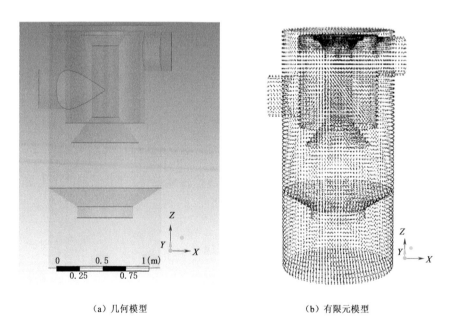

（a）几何模型　　　　　　　　　　（b）有限元模型

图 3.46　加长 300mm 几何模型及有限元模型

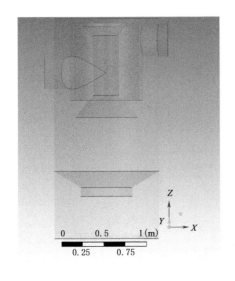

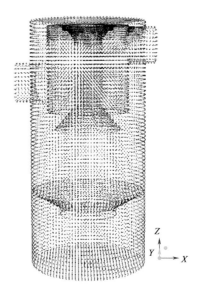

（a）几何模型　　　　　　　　　（b）有限元模型

图 3.47　加长 450mm 几何模型及有限元模型

4. 分析结果

利用流体有限元软件进行分析，得到不同工况、模型条件下的去除率（表 3.20）。

表 3.20　　　　　　　　　不同工况、模型条件下的去除率

工况	模型	去除率/%	去除率增长率/%
1	标准模型	28.13	—
2	增加 150mm	31.62	12.40
3	增加 300mm	35.96	27.83
4	增加 450mm	37.32	32.66

注：去除率增长率＝（结构改进后去除率－标准设备去除率）/标准设备去除率，余同。

可以看出，当设备长度增加时，设备的去除率确实会有明显提高。但是，提高的数值并不是线性的，当设备长度增加到一定程度后，去除率的增长效果愈发不明显。这是因为，随着长度的增加，下部漏斗结构的遮板的影响效应会逐渐降低，当深度足够时，影响可以近似于无，因此当达到一定长度后，增加长度对去除率的提高也会趋近于 0。

3.4.2　双旋流快速净化设备进水口入射角度变化影响分析

根据前文有关双旋流快速净化泥水分离器数值流场的分析结果，发现设备进水的入射角度对于粒子的运动轨迹有着强烈的影响，从而影响设备的去除率。基于以上发现，经讨论，本次改进方案主要集中于增加入口角度与水平线夹角，以分析改进方案中对去除率产

生影响的因素。

1. 参数及工况分析

分析过程中使用的模型为大涡模拟控制方程、VOF 法与颗粒 Lagrangian 运动控制方程（DPM 离散相模型）。由于设备内存在水和空气两种流体介质，为了更好地描述气水交界面，采用 VOF 两相流算法，水表面张力为 $0.072N/m^2$，重力加速度取 $9.8066m/s^2$。为了得到较好的结果，湍流模型采用大涡模拟模型。杂质使用 DPM 离散相模型从流体入口处添加。杂质粒子密度为 $2600kg/m^2$，粒径根据不同工况而定。

根据前文有关双旋流快速净化泥水分离器数值流场分析，以 32L/s、$101\mu m$ 粒径的结果作为参考数据，与保持漏斗结构以下尺寸并增加入口与水平夹角角度的结果进行对比，工况分析见表 3.21。

表 3.21 工 况 分 析

工况	夹角/(°)	增加尺寸/mm
1（标准）	0.57	0
2	5	0
3	10	0
4	15	0

2. 有限元模型

本书分析采用的有限元模型即基于前文有关双旋流快速净化泥水分离器数值流场分析中的有限元模型经过局部修改（增加入口角度）和改进而来，基本设置均与之相同，具体单元数量由于尺寸增加和调整而略有变化。入口夹角 5°、10°、15°几何模型及有限元模型分别如图 3.48、图 3.49 和图 3.50 所示（工况 1 模型参见上文）。

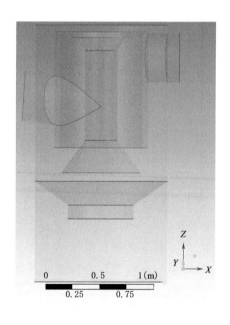

（a）几何模型

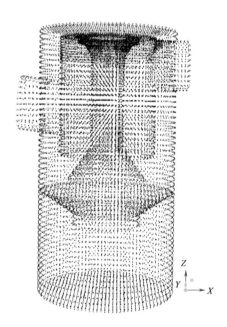

（b）有限元模型

图 3.48 入口夹角 5°几何模型及有限元模型

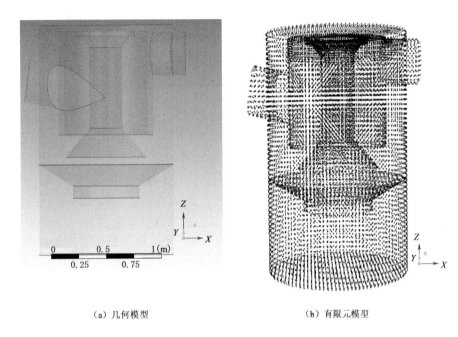

（a）几何模型　　　　　　　　　　　　　　（b）有限元模型

图 3.49　入口夹角 10°几何模型及有限元模型

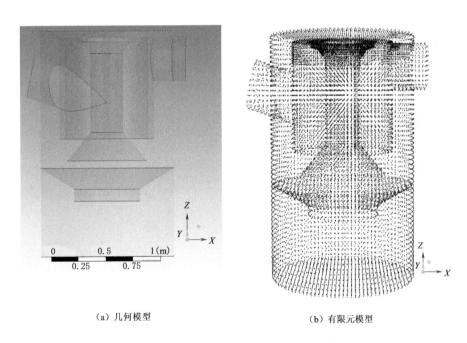

（a）几何模型　　　　　　　　　　　　　　（b）有限元模型

图 3.50　入口夹角 15°几何模型及有限元模型

3. 分析结果

利用流体有限元软件进行分析，得到不同工况、模型条件下的去除率（表3.22）。

表 3.22　　　　　　　　　　　　不同工况、模型条件下的去除率

工况	模型	去除率/%	去除率增长率/%
1	标准模型	28.13	—
2	入口夹角 5°	33.76	20.01
3	入口夹角 10°	35.10	24.76
4	入口夹角 15°	34.14	21.36

可以看出，设备入口角度的变化会对去除率构成影响。去除率的变化为折线形，初始角度增加会提升去除效果，但是当达到一定角度时，去除率达到一个峰值，转而随着角度的增加而下降。通过分析，造成这个效果的原因主要是，当入口角度增加，入口速度中产生离心效果的速度分量会随之降低，水向下运动的速度分量随之增加，当初始角度增加时，离心效果的降低低于杂质伴随水体快速到达底部而提高的沉降效果的增益，因此去除率会增长，而当这个效果达到某一峰值后，离心效果的降低将高于快速沉降的效果的增益，此时随着入口角度的增加，去除率反而降低。另外，由于漏斗结构遮板的影响，当向下速度分量增大后，杂质粒子也会因向下的动量增加而与遮板进行碰撞反弹，从而影响沉降效果。

计算分析算例情况（32L/s 流量、101μm 粒径杂质粒子），最优入口角度应在 10°左右。考虑增加设备长度后漏斗结构遮板的影响会降低，最优角度可能会有所增大。

3.4.3　双旋流快速净化设备桶内遮流板角度变化影响分析

根据前文有关双旋流快速净化泥水分离器数值流场的分析结果，发现双旋流快速净化设备内遮流板对于流场中入射粒子的上下运动轨迹有着强烈的影响，从而影响设备的去除率。基于以上发现，经讨论，本次改进方案主要集中于增加入口角度与水平线夹角，以分析改进方案中对去除率产生影响的因素。

1. 分析参数及工况

分析过程中使用的模型为大涡模拟控制方程、VOF 法与颗粒 Lagrangian 运动控制方程（DPM 离散相模型）。由于设备内存在水和空气两种流体介质，为了更好地描述气水交界面，采用 VOF 两相流算法，水表面张力为 0.072N/m²，重力加速度 9.8066m/s²。为了得到较好的结果，湍流模型采用大涡模拟模型。杂质使用 DPM 离散相模型从流体入口处添加。杂质粒子密度 2600kg/m²。粒径根据不同工况而定。

表 3.23　　　　工　况　分　析

工况	与中心轴线夹角/(°)
1（标准）	0
2	+5
3	+3
4	−3
5	−5

遮流板角度的调整方案，主要是将圆柱型遮流内桶通过收缩和扩张底圆直径改为具有一定角度的锥台结构，以期改善粒子的去除效果。具体结构变化分为收缩遮流板与中心轴线成夹角 3°（+3°）、5°（+5°），扩张遮流板与中心轴线成夹角 3°（−3°）、5°（−5°）。工况分析见表 3.23。

2. 有限元模型

本文分析采用的有限元模型即基于前文有关双旋流快速净化泥水分离器数值流场分析中的模型经过局部修改（增加入口角度、加长设备长度）和改进而来。规划网格的参数为：模型最小尺寸为 120mm，最大模型尺寸为 80mm；总节点与单元数为 15 万～16 万。原结构有限元模型、原结构内遮流板有限元模型、$+5°$夹角有限元模型、$+5°$夹角内遮流板有限元模型、$+3°$夹角有限元模型、$+3°$夹角内遮流板有限元模型、$-3°$夹角有限元模型、$-3°$夹角内遮流板有限元模型、$-5°$夹角有限元模型、$-5°$夹角内遮流板有限元模型分别如图 3.51～图 3.60 所示。

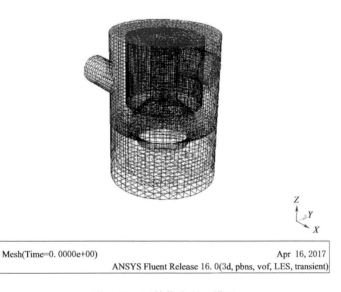

Mesh(Time=0. 0000e+00)　　　　　　　　　　　　　　　Apr 16, 2017
ANSYS Fluent Release 16. 0(3d, pbns, vof, LES, transient)

图 3.51　原结构有限元模型

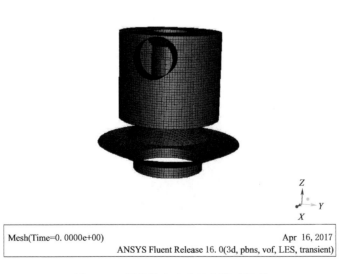

Mesh(Time=0. 0000e+00)　　　　　　　　　　　　　　　Apr 16, 2017
ANSYS Fluent Release 16. 0(3d, pbns, vof, LES, transient)

图 3.52　原结构内遮流板有限元模型

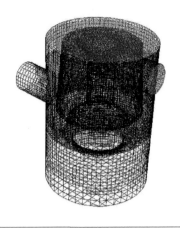

Mesh(Time=1. 6500e+02)   Apr 16, 2017
ANSYS Fluent Release 16. 0(3d, pbns, vof, LES, transient)

图 3.53 +5°夹角有限元模型

Mesh(Time=0. 0000e+00)   Apr 16, 2017
ANSYS Fluent Release 16. 0(3d, pbns, vof, LES, transient)

图 3.54 +5°夹角内遮流板有限元模型

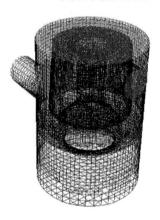

Mesh(Time=0. 0000e+00)   Apr 16, 2017
ANSYS Fluent Release 16. 0(3d, pbns, vof, LES, transient)

图 3.55 +3°夹角有限元模型

Mesh(Time=1.6500e+02)　　　　　　　　　　Apr 16, 2017
ANSYS Fluent Release 16.0(3d, pbns, vof, LES, transient)

图 3.56　＋3°夹角内遮流板有限元模型

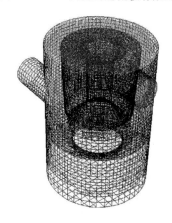

Mesh(Time=0.0000e+00)　　　　　　　　　　Apr 16, 2017
ANSYS Fluent Release 16.0(3d, pbns, vof, LES, transient)

图 3.57　－3°夹角有限元模型

Mesh(Time=0.0000e+00)　　　　　　　　　　Apr 16, 2017
ANSYS Fluent Release 16.0(3d, pbns, vof, LES, transient)

图 3.58　－3°夹角内遮流板有限元模型

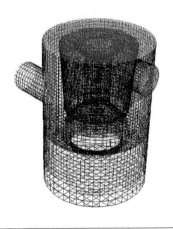

Mesh(Time=1.6500e+02)　　　　　　　　　　　　Apr 16,2017
ANSYS Fluent Release 16.0(3d, pbns, vof, LES, transient)

图 3.59　−5°夹角有限元模型

Mesh(Time=1.6500e+02)　　　　　　　　　　　　Apr 16,2017
ANSYS Fluent Release 16.0(3d, pbns, vof, LES, transient)

图 3.60　−5°夹角内遮流板−5 有限元模型

3. 分析结果

利用流体有限元软件进行分析，得到不同工况、模型条件下的去除率（表 3.24）。

表 3.24　　　　　　　　　　不同工况、模型条件下的去除率

工况	模 型	去除率/%	去除率增长率/%
1	原结构	28.97	—
2	+5°夹角	27.86	−3.86
3	+3°夹角	33.43	15.37
4	−3°夹角	28.37	−2.07
5	−5°夹角	32.26	11.34

结构调整后，不同工况、模型条件下出口水位高度及设备最高水位见表 3.25。其中设备底部为 0m。工况 1 水位高度、流线分别如图 3.61、图 3.62 所示，工况 2 水位高度、流线分别如图 3.63、图 3.64 所示，工况 3 水位高度、流线分别如图 3.65、图 3.66 所示，工况 4 水位高度、流线分别如图 3.67、图 3.68 所示，工况 5 水位高度、流线分别如图 3.69、图 3.70 所示。

表 3.25　　　不同工况、模型条件下出口水位高度及设备最高水位（平均值）

工况	出口水位高度/m	设备最高水位/m	工况	出口水位高度/m	设备最高水位/m
1	1.325	1.446	4	1.323	1.463
2	1.325	1.447	5	1.324	1.463
3	1.325	1.448			

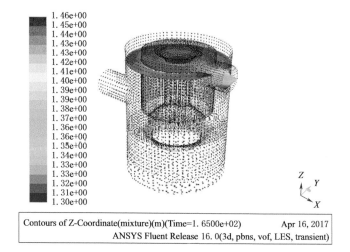

图 3.61　工况 1 水位高度

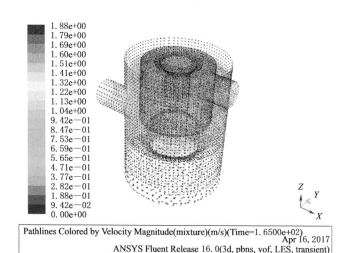

图 3.62　工况 1 流线

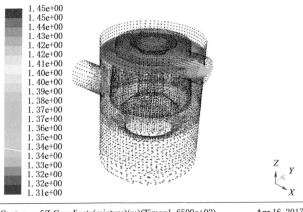

图 3.63　工况 2 水位高度

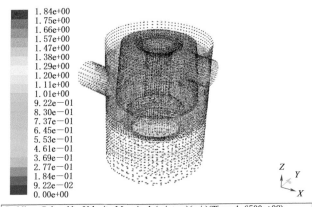

图 3.64　工况 2 流线

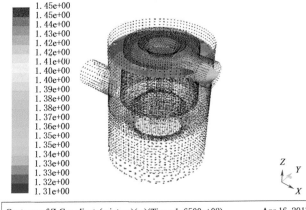

图 3.65　工况 3 水位高度

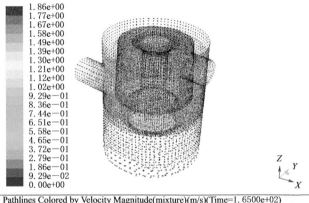

图 3.66　工况 3 流线

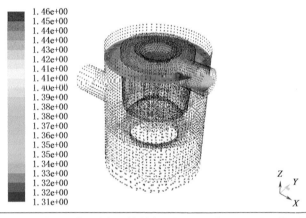

图 3.67　工况 4 水位高度

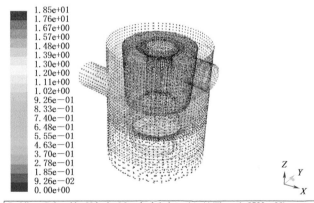

图 3.68　工况 4 流线

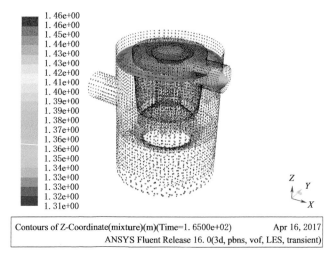

图 3.69　工况 5 水位高度

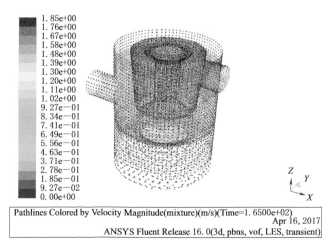

图 3.70　工况 5 流线

3.5　双旋流快速净化技术应用示范研究

3.5.1　示范场介绍

1.示范场选址

为了保证研究成果更加贴近实际，示范场选址范围主要集中在天津市中心城区，结合天津市排水口改造规划设计及水环境改善的迫切需要，示范场选址包括虎丘路泵站排水口、一中心泵站排水口、紫金山路喜来登雨水排水口、津港河泵站排水口、教军场路南运河排水口、盐坨桥泵站新开河雨水排水口与仓联庄泵站排水口，经过多次查勘、调研，确定位于天津市河北区的

津港河泵站排水口、教军场路南运河排水口、盐坨桥泵站新开河雨水排水口与仓联庄

泵站排水口，并确定位于天津市河北区的盐坨桥泵站出水口和仓联庄泵站排水口为示范点。

示范场位于盐坨桥下、志成道与新开河之间，位置如图 3.71 所示。

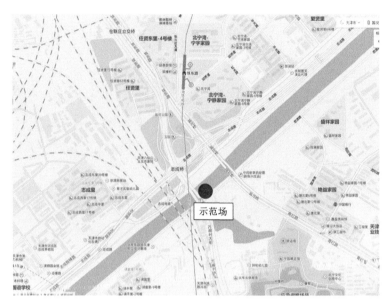

图 3.71　示范场位置图

2. 雨水泵站介绍

（1）仓联庄泵站介绍

仓联庄泵站地处天津市河北区铁东路的仓联庄地道桥旁，该泵站主要收集仓联庄地道径流雨水与地下渗出的地下水。仓联庄泵站总占地面积为 $760m^2$，始建于 1986 年，泵站管辖区域为仓联庄地道周边区域，收水面积共有 $2.91hm^2$。仓联庄泵站为双电源供电形式，采用先进的控制系统和水位监控。泵站配备 1 台 250kVA 油式变压器，3 台水泵，设计总流量为 $0.61m^3/s$，装机总容量为 121kW。仓联庄泵站的建成很大程度上解决了仓联庄地道雨水排放问题。仓联庄泵站的位置及收水区域如图 3.72 所示。

（2）盐坨桥泵站介绍

盐坨桥泵站坐落于铁东路与志成道交口，位于盐坨桥底，总用地面积为 $2020m^2$。盐坨桥泵站始建于 1986 年，泵站管辖区域北至新宜白大道，南至志成道，西至京山铁路，东至铁东路，收水面积共有 $92hm^2$。盐坨桥泵站为双电源供电形式，采用先进的控制系统和水位监控。雨水泵站配备 1 台 630kVA 油式变压器，4 台潜水轴流泵，设计总流量为 $3.86m^3/s$，装机总容量为 420kW，另配 2 台回转式格栅除污机和 1 台输送机。盐坨桥泵站的建成很大程度上解决了上述地区雨水排放问题。盐坨桥泵站的位置及收水区域如图 3.73 所示。

3.5.2　示范技术介绍

示范技术主要为雨污旋流分离技术，该技术是根据离心沉降和密度差分原理设计而成的，它使水流等在设备内旋转，产生离心场，利用物体间的密度差异及离心力等的作用，

图 3.72　仓联庄泵站的位置及收水区域图

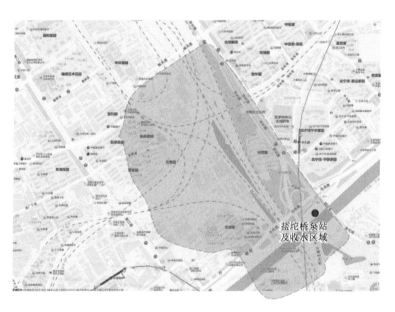

图 3.73　盐坨桥泵站的位置及收水区域图

从而达到分离的目的。

　　示范场主要示范设备为双旋流快速净化设备。双旋流快速净化设备是先进的水力旋流分离装置，有一个复杂的在低能量旋转力区域增加重力分离的水力学过程，水力旋转时，双旋流快速净化设备的内部构造能够利用旋流的能量最大限度地增加分离时间。

　　双旋流快速净化设备主要用于雨水径流预处理，在很广泛的流量范围内对沉积物、油污和悬浮物有非常高的去除率。双旋流快速净化设备内拥有傍路设计，以避免已经沉积的污染物在高峰流量时被重新冲刷出来，这种独特的设计将该设备与传统的单一分离设备区分开来。初期雨水截污装置——双旋流快速净化设备结构如图 3.74 所示。

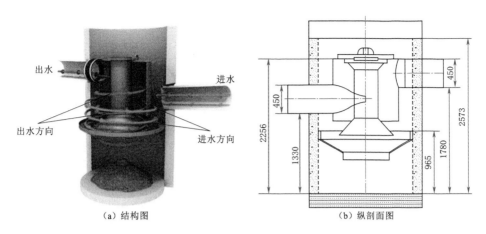

（a）结构图　　　　　　　　　（b）纵剖面图

图 3.74　初期雨水截污装置——双旋流快速净化设备结构（单位：mm）

3.5.3　示范场设计与建设

1. 示范场设计

双旋流快速净化设备示范场平面布置示意图如图 3.75 所示，剖面示意图如图 3.76 所示。示范场的左边为志成道，右边为新开河，池 1 的来水为仓联庄泵站排水，雨水经过池 1、池 2 后排入新开河。

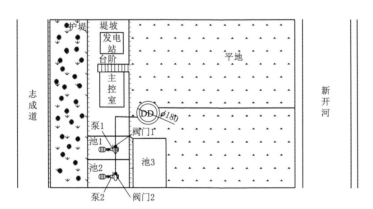

图 3.75　双旋流快速净化设备示范场平面布置示意图

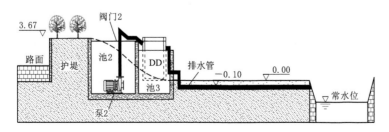

图 3.76　双旋流快速净化设备示范场剖面示意图

2. 示范场建设

该示范工程位于天津市河北区，盐坨桥西面，志成道与新开河之间。示范用水为仓联庄泵站与盐坨桥泵站排水。

在工程施工过程中主要做到以下几点：

（1）在示范场所处地区，以场地自然条件为依据，对示范场内的设备及工程布置进行最优设计。

（2）施工过程中，要充分利用场地，尽量减少滩地与河堤占地。

（3）施工过程中，将开挖及多余土方按要求就近堆存、就近填筑，尽量减少弃渣场占地。

（4）对进场人员进行文明施工培训，施工过程中做到文明施工，减少施工对民众的影响。

（5）施工前对进场员工进行安全施工教育，在施工过程中做到安全施工。

（6）示范场按照要求进行改造建设，双旋流快速净化设备放置到坡堤脚下的硬质路面上，为保证设备的稳定性及安全性，在设备底部放上铁板支撑，并做好稳定性和安全性措施。

（7）按照要求对进水管道进行连接，由于进水管道都处于地面以上，为此在管道周围设置围栏及安全性警示标语牌。

（8）设备排水管道按照要求连接，将出水管道至河道之间的排水管道埋入地下，使其不影响滩地的平整及安全性。

3.5.4　示范场的管理

1. 示范场的建设期间管理

在示范场建设期间，派一名项目组成员去示范场现场监工，及时通报示范场建设进展及建设过程中存在的问题。

2. 示范场的运行管理

示范场建成后，运行主要是在汛期。非汛期，主要做好示范场内的安全工作，所有电门处于关闭状态，在示范场的周围树立警示语，平时项目组成员必须一月一次对示范场进行查看，主要查看示范场内是否存在安全隐患及民众违规活动等，并现场记录。

示范场的运行主要发生在汛期，在此期间派工人进行 24 小时值班，并且做好 24 小时取样准备。将要降雨或已降雨时，至少有一名项目组成员前往示范场，并在示范场运行过程中进行采样分析，对设备运行情况进行记录。

3.5.5　设备运行

仓联庄及盐坨桥泵站开泵后，开始设备运行，设备运行稳定后（约 5min）开始采集进水水样，出水水样采集与进水水样采集间隔为 3min。

3.5.6　示范场监测结果分析

2017 年整个汛期，在降雨发生时，盐坨桥泵站与仓联庄泵站一共开泵排水 3 次，一共监测到 2 次排水水质变化过程，分别是 2017 年 6 月 23 日开泵排水与 2017 年 7 月 6 日开泵排水。

2018 年汛期，监测到盐坨桥泵站 1 次排水水质变化过程，即 2018 年 7 月 24 日开泵排水。

在示范试验的过程中，按照试验要求，调节好各阀门的开关状态，严格按照示范试验流程开启设备，并严格遵循采样要求采集样品，采集到的样品第一时间送到检测室进行检测分析。

1. 仓联庄泵站排水水质处理效果分析

(1) 2017年6月23日排水水质监测结果分析

对2017年6月23日仓联庄泵站开泵采集到的样品进行分析，进出水中的 SS 浓度变化特征如图 3.77 所示，COD 浓度变化特征如图 3.78 所示，TP 浓度变化特征如图 3.79 所示，TN 浓度变化特征如图 3.80 所示，NH₃-N 浓度变化特征如图 3.81 所示。

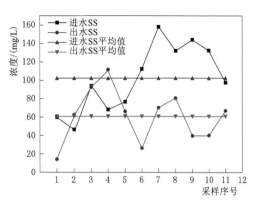

图 3.77 进出水中的 SS 浓度变化特征

由图 3.77 可以看出，开始采集到的样品中，SS 浓度变化出现交汇的情况，产生这种现象主要是因为，仓联庄泵站排水到示范场设备，中间有很长一段距离，进入设备的头水水质本身变化就比较大，加之设备刚开始运行时，设备本身相对来说没有进入稳定状态，

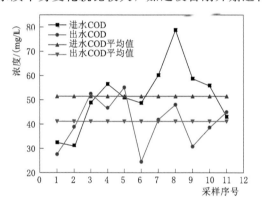

图 3.78 进出水中的 COD 浓度变化特征

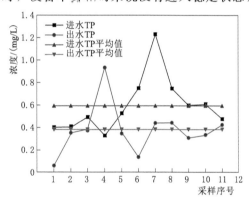

图 3.79 进出水中的 TP 浓度变化特征

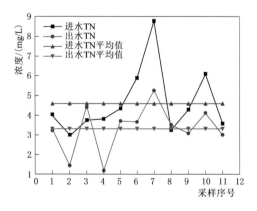

图 3.80 进出水中的 TN 浓度变化特征

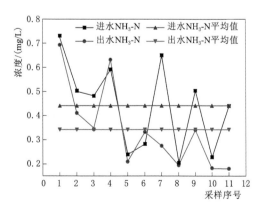

图 3.81 进出水中的 NH₃-N 浓度变化特征

所以此时设备进出水的 SS 浓度变化出现交汇的情况。

总体来说，设备出水浓度明显低于进水浓度，且处理效果相对稳定，设备进水 SS 平均浓度约为 102mg/L，出水平均浓度约为 61mg/L，设备对 SS 的去除率约为 40%。

由图 3.78、图 3.79 可以看出，双旋流快速净化设备的进水 COD 浓度、TP 浓度与出水 COD 浓度、TP 浓度的变化特征跟 SS 浓度的变化特征一致，这主要是因为，雨水径流中的 SS 负荷着大量的 COD、TP 等污染物，并且雨水径流中 SS 与 COD、TP 的相关性比较好，所以在去除雨水径流中 SS 的同时，部分 COD、TP 污染物被协同去除。

由图 3.78 可以看出，双旋流快速净化设备进水 COD 平均浓度为 51mg/L，出水 COD 平均浓度为 41mg/L，设备对 COD 的去除率约为 20%。由图 3.79 可以看出，双旋流快速净化设备进水 TP 平均浓度为 0.59mg/L，出水 TP 平均浓度为 0.37mg/L，设备对 TP 的去除率约为 37%。

由图 3.80 可以看出，双旋流快速净化设备进水 TN 平均浓度为 4.6mg/L，出水 TN 平均浓度为 3.3mg/L，设备对 TN 的去除率约为 28%。由图 3.81 可以看出，双旋流快速净化设备进水 NH_3-N 平均浓度为 0.44mg/L，出水 NH_3-N 平均浓度为 0.34mg/L，设备对 NH_3-N 的去除率约为 22%。

综上所述，示范设备对仓联庄泵站在 2017 年 6 月 23 日的排水有着良好的去除效果，设备对 SS、COD、TP、TN 与 NH_3-N 的去除率分别约为 40%、20%、37%、28% 和 22%。

（2）2017 年 7 月 6 日排水水质监测结果分析

对 2017 年 7 月 6 日仓联庄泵站开泵采集到的样品进行分析，进出水中的 SS 浓度变化特征如图 3.82 所示，COD 浓度变化特征如图 3.83 所示，TP 浓度变化特征如图 3.84 所示，TN 浓度变化特征如图 3.85 所示，NH_3-N 浓度变化特征如图 3.86 所示。

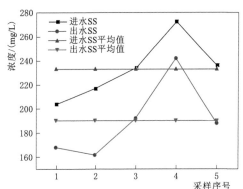

图 3.82　进出水中的 SS 浓度变化特征

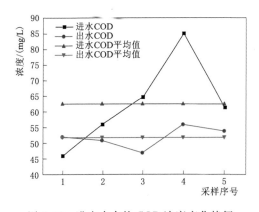

图 3.83　进出水中的 COD 浓度变化特征

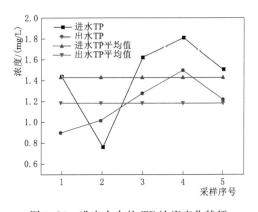

图 3.84　进出水中的 TP 浓度变化特征

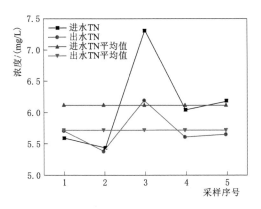

图 3.85 进出水中的 TN 浓度变化特征

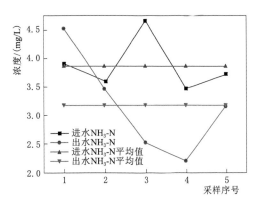

图 3.86 进出水中的 NH_3-N 浓度变化特征

由图 3.82 可以看出，设备进水 SS 平均浓度为 233mg/L，出水 SS 平均浓度为 190mg/L，设备对 SS 的去除率约为 18%。由图 3.83 可以看出，设备进水 COD 平均浓度约为 62.6mg/L，出水 COD 平均浓度约为 52mg/L，设备对 COD 的去除率约为 17%。

由图 3.84 可以看出，设备进水 TP 平均浓度为 1.42mg/L，出水 TP 平均浓度为 1.18mg/L，设备对 TP 的去除率约为 17%。由图 3.85 可以看出，设备进水 TN 平均浓度为 6.1mg/L，出水 TN 平均浓度为 5.7mg/L，设备对 TN 的去除率约为 7%。由图 3.86 可以看出，设备进水 NH_3-N 平均浓度为 3.86mg/L，出水 NH_3-N 平均浓度为 3.17mg/L，设备对 NH_3-N 的去除率约为 18%。

综上所述，示范设备对仓联庄泵站在 2017 年 7 月 6 日的排水有着良好的去除效果，设备对 SS、COD、TP、TN 与 NH_3-N 的去除率分别约为 18%、17%、17%、7% 和 18%，该示范设备对雨水径流中的污染物有着较高的去除率。

2. 盐坨桥泵站排水水质监测结果分析

(1) 2017 年 6 月 23 日排水水质监测结果分析

对 2017 年 6 月 23 日盐坨桥泵站开泵采集到的样品进行分析，进出水中的 SS 浓度变化特征如图 3.87 所示，COD 浓度变化特征如图 3.88 所示，TP 浓度变化特征如图 3.89 所示，TN 浓度变化特征如图 3.90 所示，NH_3-N 浓度变化特征如图 3.91 所示。

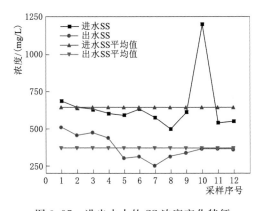

图 3.87 进出水中的 SS 浓度变化特征

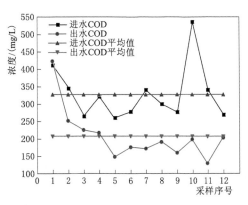

图 3.88 进出水中的 COD 浓度变化特征

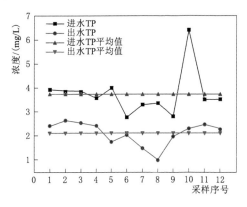

图 3.89 进出水中的 TP 浓度变化特征

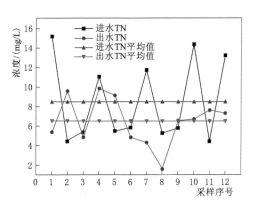

图 3.90 进出水中的 TN 浓度变化特征

由图 3.87 可以看出，设备的进水 SS 浓度明显高于出水 SS 浓度，并且规律性比较好，同时不存在交汇现象，表明设备运行稳定。由图 3.87 可以看出，设备进水 SS 平均浓度为 646mg/L，出水 SS 平均浓度为 371mg/L，设备对 SS 的去除率约为 43%。

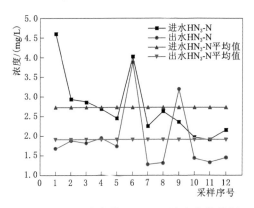

图 3.91 进出水中的 NH$_3$-N 浓度变化特征

由图 3.88、图 3.89 可以看出，双旋流快速净化设备的进水 COD 浓度、TP 浓度与出水 COD 浓度、TP 浓度的变化特征跟 SS 浓度的变化特征类似，这主要是因为，雨水径流中的 SS 负载着大量的 COD、TP 等污染物，并且雨水径流中的 SS 与 COD、TP 的相关性比较好，所以在去除雨水径流中的 SS 的同时，伴随着大量的 COD、TP 等污染物被协同去除，因此双旋流快速净化设备对雨水径流中的 COD、TP 的去除，其浓度变化特征跟 SS 一致。

由图 3.88 可以看出，设备进水 COD 平均浓度为 328mg/L，出水 COD 平均浓度为 207mg/L，设备对 COD 的去除率约为 37%。由图 3.89 可以看出，设备进水 TP 平均浓度为 3.74mg/L，出水 TP 平均浓度为 2.12mg/L，设备对 TP 的去除率约为 43%。

由图 3.90 可以看出，设备进水 TN 平均浓度为 8.52mg/L，出水 TN 平均浓度为 6.53mg/L，设备对 TN 的去除率约为 23%。由图 3.91 可以看出，设备进水 NH$_3$-N 平均浓度为 2.73mg/L，出水 NH$_3$-N 平均浓度为 1.92mg/L，设备对 NH$_3$-N 的去除率约为 30%。

综上所述，示范设备对盐圩桥泵站在 2017 年 6 月 23 日的排水有着良好的去除效果，设备对 SS、COD、TP、TN 与 NH$_3$-N 的去除率分别约为 43%、37%、43%、23% 和 30%，该示范设备对雨水径流中的污染物有着较高的去除率，为该项技术与设备的实际应用奠定了基础。

（2）2017 年 7 月 6 日排水水质结果分析

对 2017 年 7 月 6 日盐圩桥泵站开泵采集到的样品进行分析，进出水中的 SS 浓度变化特征如图 3.92 所示，COD 浓度变化特征如图 3.93 所示，TP 浓度变化特征如图 3.94 所示，TN 浓度变化特征如图 3.95 所示，NH₃-N 浓度变化特征如图 3.96 所示。

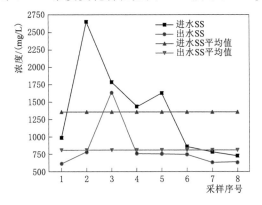

图 3.92　进出水中的 SS 浓度变化特征

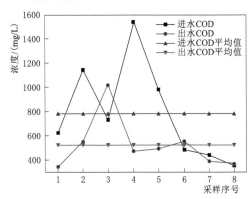

图 3.93　进出水中的 COD 浓度变化特征

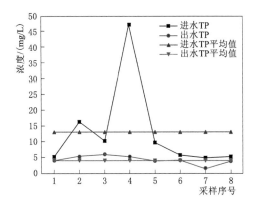

图 3.94　进出水中的 TP 浓度变化特征

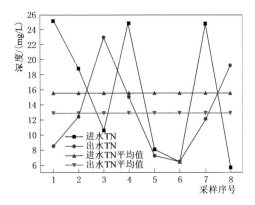

图 3.95　进出水中的 TN 浓度变化特征

由图 3.92 可以看出设备，进水 SS 平均浓度为 1360mg/L，出水 SS 平均浓度为 828mg/L，设备对 SS 的去除率约为 39%。

由图 3.93 可以看出，设备进水 COD 平均浓度为 788mg/L，出水 COD 平均浓度为 521mg/L，设备对 COD 的去除率约为 34%。

由图 3.94 可以看出，设备进水 TP 平均浓度为 12.94mg/L，出水 TP 平均浓度为 4.16mg/L，设备对 TP 的去除率约为 67%。由图 3.95 可以看出，设备进水 TN 平均浓度为 15.57mg/L，出水 TN 平均浓度为 12.99mg/L，设备对 TN 的去除率约为 17%。由图 3.98 可以，看出设备进水 NH₃-N 平均浓度为 7.06mg/L，出水 NH₃-N 平均浓度为 4.71mg/L，设备对 NH₃-N 的去除率约为 33%。

综上所述，示范设备对盐垞桥泵站在 2017

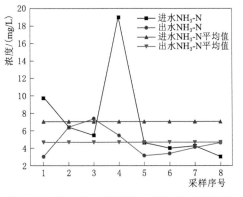

图 3.96　进出水中的 NH₃-N 浓度变化特征

年 7 月 6 日的排水有着良好的去除效果，设备对 SS、COD、TP、TN 与 NH₃-N 的去除率分别约为 39%、34%、67%、17% 和 33%。

（3）2018 年 7 月 24 日监测结果分析

对 2018 年 7 月 24 日盐坨桥泵站开泵采集到的样品进行分析，进出水中的 SS 浓度变化特征如图 3.97 所示，COD 浓度变化特征如图 3.98 所示，TP 浓度变化特征如图 3.99 所示，TN 浓度变化特征如图 3.100 所示，NH₃-N 浓度变化特征如图 3.101 所示。

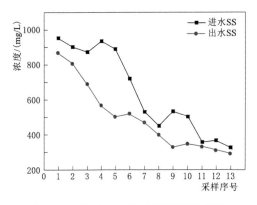

图 3.97　进出水中的 SS 浓度变化特征

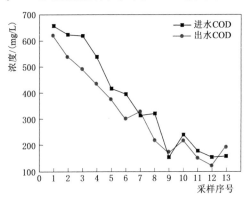

图 3.98　进出水中的 COD 浓度变化特征

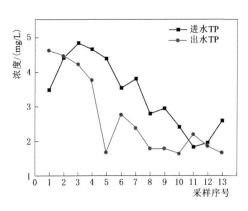

图 3.99　进出水中的 TP 浓度变化特征

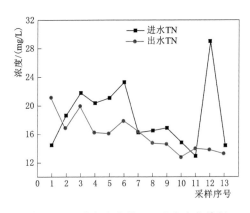

图 3.100　进出水中的 TN 浓度变化特征

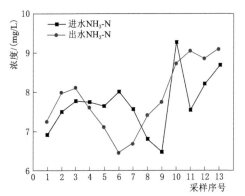

图 3.101　进出水中的 NH₃-N 浓度变化特征

由图 3.97 可以看出，雨水径流经过双旋流快速净化设备处理后，SS 浓度出现一定量的降低，并且规律性比较好，进出水浓度不存在交汇现象，表明双旋流快速净化设备对雨水径流中的 SS 有着良好的去除效率，并且双旋流快速净化设备在整个过程中运行稳定。同时可以看出，在双旋流快速净化设备整个运行过程中，雨水径流中的 SS 随着时间的推移，浓度有着持续降低的趋势，在雨水径流前期存在着较明显的初期效应。

由图 3.97 可以看出，雨水径流中的 SS 浓度最大值达到 954mg/L，说明雨水径流水体污染比较严重。在整个双旋流快速净化设备处理运行期间，双旋流快速净化设备的进水 SS 平均浓度约为 643mg/L，出水 SS 平均浓度约为 496mg/L，对 SS 的去除率约为 30%。

由图 3.98 可以看出，雨水径流经过双旋流快速净化设备处理后，COD 浓度出现一定量的降低，相对来说规律性比较好，设备运行比较稳定。将雨水径流中 COD 浓度的变化曲线（图 3.98）与 SS 浓度的变化曲线（图 3.97）进行比较，可以发现其有着相类似的变化特征与趋势，产生这种相似现象的原因主要是，雨水径流中的 SS 负载着大量的 COD 等污染物，同时如前文有关雨水径流相关性的分析中提到的那样，雨水径流中的 SS 与 COD 有着比较好的相关性，所以双旋流快速净化设备在去除雨水径流中 SS 的过程中，会协同去除大量的 COD 等污染物，致使雨水径流中 COD 浓度的变化曲线有着跟 SS 类似的变化规律。

由图 3.98 可以看出，雨水径流中的 COD 浓度最大值为 657mg/L，说明雨水径流水体污染比较严重。在整个双旋流快速净化设备处理运行期间，进水 COD 平均浓度为 368mg/L，出水 COD 平均浓度为 321mg/L，对 COD 的去除率约为 15%。

由图 3.99 可以看出，总体来说，雨水径流经过双旋流快速净化设备处理后，TP 浓度处于一个降低的状态，整体规律性比较好。将图 3.99 与图 3.97、图 3.98 进行比较后可以看出，图 3.99 中 TP 浓度的变化规律有着跟图 3.97（SS）、图 3.98（COD）相似的变化特征，产生这种现象是因为，雨水径流中的 TP 与 SS、COD 之间有着比较强的相关性，使得双旋流快速净化设备在去除雨水径流中的 SS 的同时，会协同去除雨水径流中的 COD、TP 等，并且其变化特征类似。

由图 3.99 可以看出，双旋流快速净化设备的进水 TP 浓度最大达到 4.84mg/L，说明雨水径流污染比较严重，严重超过排放指标。在整个双旋流快速净化设备处理运行期间，进水 TP 平均浓度为 3.6mg/L，双旋流快速净化技术设备的出水 TP 平均浓度为 2.7mg/L，对 TP 的去除率约为 24%。

由图 3.100 可以看出，雨水径流经过双旋流快速净化设备处理后，TN 浓度出现一定量的降低，但是变化特征的规律性不是非常明显。这证明双旋流快速净化设备对雨水径流中 TN 的去除率存在一定的随机性，这种随机性受到多方面的影响，最主要的影响因素在于雨水径流自身的水体污染物特征，与其有着明显的关系。根据图 3.100 与图 3.97 的比较，发现其相似程度不是很高，所以其去除率存在着严重的不确定因素。

由图 3.100 可以看出，双旋流快速净化设备对雨水径流中的 TN 有着一定的去除率，在本次双旋流快速净化设备处理运行期间，进水 TN 平均浓度约为 18.6mg/L，出水 TP 平均浓度约为 16.1mg/L，对 TN 的去除率约为 16%。

由图 3.101 可以看出，双旋流快速净化设备对降雨事件形成的雨水径流中的 NH_3-N 去除效果不明显。产生这种现象主要是因为每次降雨事件形成的雨水径流的自身污染物特征不一样，并如前文分析得出的结论那样，雨水径流中 NH_3-N 与 SS、COD、TP 的相关性也特别差，导致图 3.101 中的 NH_3-N 浓度变化曲线没有规律性。

由图 3.101 可以看出，双旋流快速净化设备的进水 NH_3-N 平均浓度约为 7.7mg/L，出水 NH_3-N 平均浓度约为 7.9mg/L，出现了出水平均浓度大于进水平均浓度的情况。

在这种情况下，把双旋流快速净化设备在本次处理运行期间对 NH₃ - N 的去除率定为 0。

综上所述，双旋流快速净化设备对 2018 年 7 月 24 日的雨水径流中的污染物有着较高的去除率，特别是对雨水径流中与 SS 相关性比较强的污染物都有着较高的去除率。双旋流快速净化设备对本次雨水径流中的 SS、COD 与 TP 的去除率分别约为 30%、15% 和 24%，对 TN 的去除率约为 16%，对 NH₃ - N 的去除率为 0。

3. 不同泵站排水特征对示范设备去除率影响分析

仓联庄泵站主要收集的水体为降雨时的地表径流雨水与地下渗出水，污染程度相对较低，水体污染成分相对比较单一；盐坨桥泵站主要收集的是路面、屋面等地表径流雨水，污染程度非常高，且收集到的径流雨水的水体中污染物质成分复杂。所以从仓联庄泵站与盐坨桥泵站的排水特征来说，水体有着明显的区别，造成两个泵站排水过程中示范设备对其处理效率不尽相同。

将两个泵站在 2017 年 6 月 23 日与 2017 年 7 月 6 日降雨排水过程中采集到的泵站雨水汇总，取两次降雨的平均值代表泵站的排水污染浓度情况，取两次降雨泵站排水过程中示范工程对水体污染物去除率的平均值代表示范工程对该泵站排水过程中污染物的去除率。对仓联庄泵站与盐坨桥泵站的排水污染物浓度与及示范工程对其去除率作图并进行分析，得到泵站排水特征如图 3.102 所示。

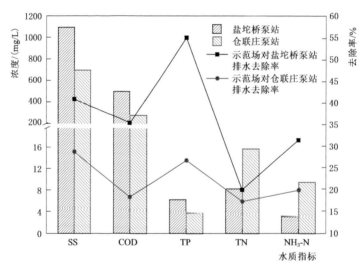

图 3.102 泵站排水特征

由图 3.102 可以看出，盐坨桥泵站在排水过程中，水体污染物 SS、COD 与 TP 的浓度明显高于仓联庄泵站，而盐坨桥泵站排水过程中，水体污染物 TN 与 NH₃ - N 浓度反而低于仓联庄泵站，这种现象也很好地印证了前文得出的 SS 与 COD、TP 的相关性比较好，而 SS 与 TN、NH₃ - N 的相关性不显著的说法。

由图 3.102 同时可以看出，示范工程对盐坨桥泵站排水水体的净化效果好于仓联庄泵站。这主要是因为盐坨桥泵站的污染物负荷比较大，加之收集到的都是路面等地表径流雨水，水体中存在着大量的悬浮物颗粒，这些颗粒态悬浮物负载着大量其他污染物，而示范设备对水体的净化主要通过截留雨水径流中的颗粒物来实现的，所以示范工程对盐坨桥泵站排水的净化效果比较好；仓联庄泵站主要收集的为路面雨水与地下渗出水，所以 TN、NH_3-N 浓度高于盐坨桥泵站，且水体中大量的污染物质是以溶解态存在的，为此示范设备对仓联庄泵站的污染物截留效果没有盐坨桥泵站去除效果理想。

3.6 本 章 小 结

本章通过小试试验和中试试验，研究了初期雨水截污装置双旋流快速净化技术的主要工作原理及主要特征，研究了不同进水流量、不同进水污染物粒径及不同污染浓度等对处理效果的影响，分析了设备运行过程中水头损失变化规律，并利用 Fluent 软件建立了双旋流快速净化设备的仿真数学模型，基于仿真模型，结合天津市入河污染水质特性，对设备结构进行了优化；对优化后的设备开展了示范研究，分别研究设备对地道雨水径流污染的处理效果及串接混接雨污水的处理效果，为该技术的应用及结构优化奠定了基础。主要结论如下：

(1) 研究发现，当流量不变且进水污染物粒径不变时，双旋流快速净化小试试验装置的去除效果受进水浓度的影响较小。

(2) 双旋流快速净化小试试验装置对污染物的去除率随流量的加大而降低。

(3) 在流量不变的情况下，双旋流快速净化小试试验装置的去除率随着粒径的增大而提高。双旋流快速净化小试试验装置在流量为 1L/s 且污染物粒径大于 $101\mu m$ 时，去除率达到 80% 以上。

(4) 当双旋流快速净化小试试验装置对污染物的去除率达到 80% 以上时，流量为 1L/s 时的粒径为 $101\mu m$，流量为 2L/s 和 3L/s 时的粒径为 $143\mu m$，流量为 4L/s 和 5L/s 时的粒径为 $196\mu m$，即随着流量的增大，双旋流快速净化小试试验装置具备较高去除率所对应的污染物粒径逐渐增大。

(5) 建立了试验双旋流快速净化小试试验装置压头损失 ΔP 与流量 Q 之间的关系为：$\Delta P=0.2935Q^2-0.0595Q+0.3015$。

(6) 太极流快速净化小试试验装置的过水能力强于双旋流快速净化小试试验装置，但是双旋流快速净化小试试验装置的最大处理能力优于太极流快速净化小试试验装置。

(7) 考察了流量为 11L/s、20L/s、33 L/s、44 L/s、60 L/s 和 76L/s 六种工况条件下，双旋流快速净化设备（直径 1.219m）对不同进水污染物粒径的去除效果，结果显示：双旋流快速净化设备的去除率随着进水污染物粒径的增大而提高，存在明显的临界粒径，进水污染物粒径大于临界粒径时，去除率达到 95% 及以上。当污染物粒径小于临界粒径时，去除率随着粒径增大而提高得较为明显；当污染物粒径大于临界粒径时，去除率受粒径增大而提高的趋势不明显。临界粒径大小受进水流量影响较大，当进水流量为 11L/s 时，临界粒径为 $143\mu m$；当进水流量为 20L/s 时，临界粒径为 $198\mu m$；当进水流量为 33L/s 时，临界粒径为 $198\mu m$；当进水流量为 44L/s 时，临界粒径为 $298\mu m$；当进水流量大于 60L/s 时，临界粒径大于 $403\mu m$。

（8）考察了进水流量对双旋流快速净化设备（直径 1.219m）去除效果的影响，结果显示：粒径相同的污染物，双旋流快速净化设备（直径 1.219m）的去除率随着流量的增大而降低。以 101μm 粒径的污染物为例，流量为 11L/s 时，设备的去除率为 84.4%；流量为 20L/s 时，去除率为 46.3%；流量为 33L/s 时，去除率为 40.1%；流量为 44L/s 时，去除率为 38.1%；流量为 60L/s 时，去除率为 25.2%；流量为 76L/s 时，去除率为 10.2%。另外流量为 7L/s 时，设备的去除率为 81.6%；流量 16L/s 时，去除率为 58.5%；流量为 21L/s 时，去除率为 42.1%；流量为 28L/s 时，去除率为 31.6%。

（9）双旋流快速净化设备（直径 1.219m）的去除率与进水流量及污染物粒径之间的关系为：$E = \dfrac{P_1 + P_2 d + P_3 d^2 + P_4 d^3 + P_5 Q}{1 + P_6 d + P_7 d^2 + P_8 Q + P_9 Q^2 + P_{10} Q^3}$，这为该设备的实际应用及方案设计奠定了基础。

（10）建立了双旋流快速净化设备（直径 1.219m）的压头损失 ΔP 与流量 Q 之间的关系为：$\Delta P = 0.0021Q^2 + 0.0625Q + 0.1218$。

（11）将双旋流快速净化设备（直径 1.219m）及太极流快速净化设备（直径 1.219m）进行对比，从设备占地及去除率角度考虑，双旋流快速净化设备占地较少且去除效果较好；从设备安装及应用灵活性角度考虑，太极流快速净化设备安装方便，便于与现有雨水管网检查井较好地结合，减少管网底泥淤积及其对排入河道的污染。

第4章 连续偏转技术研究与应用

本章根据由澳大利亚引进的连续偏转技术特征，开展了示范试验研究，研究了不同进水流量、不同进水浓度、不同粒径对污染物去除效果的影响；开展了泵站应用示范，研究设备的实际应用效果；开展了连续偏转技术数值模型研究，并根据模拟结果进行了改进型连续偏转技术试验研究和磁絮凝强化连续偏转技术试验研究，为连续偏转技术在入河污染快速净化领域的应用和工艺优化奠定基础。

4.1 连续偏转技术示范试验研究

本章示范试验场地、示范研究方案同第 2 章 2.2 小节。

4.1.1 试验装置

连续偏转技术设备（型号为 F0506，以下同）直径为 90cm，峰值流量为 180L/s，污水最大处理流量为 25L/s。连续偏转技术设备如图 4.1 所示。

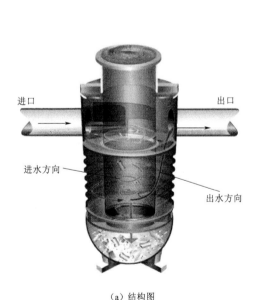

（a）结构图　　　　　　　　　　（b）设备图

图 4.1　连续偏转技术设备

4.1.2 示范工艺流程

连续偏转技术设备示范工艺流程示意图如图 4.2 所示。

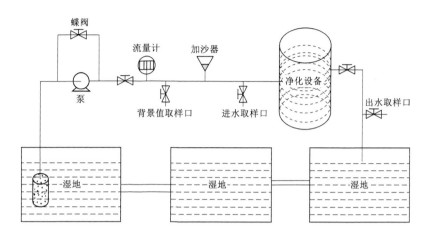

图 4.2　连续偏转技术设备示范工艺流程示意图

4.1.3　示范试验内容与结果分析

1. 背景值试验结果分析

在试验过程中，虽然出水经过人工湿地净化，但是水体中还是具有一定量的污染物，测定其背景值并分析设备的去除率。

在整个连续偏转技术试验过程中，在不同进水流量条件下，各进行了 10 组背景试验，试验进出水浓度如图 4.3 所示。

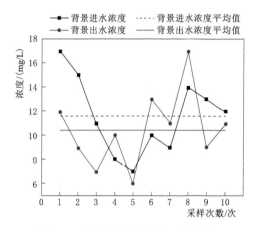

图 4.3　连续偏转技术设备背景试验
进出水浓度

由图 4.3 可以看出，整个试验期间，进水背景浓度都小于 20mg/L，小于目标浓度（大于 200mg/L）的 10%，试验的背景浓度值处于相对比较小的状态，对试验的影响可以忽略不计。由图 4.3 可以发现，设备对进水中的背景污染物去除率特别低，可以考虑不计。

整个试验过程中，背景浓度平均值是 10.5mg/L，在后续的试验过程中，测得的设备出水浓度都减去背景浓度出水值。

2. 进水浓度对去除率的影响试验

试验过程中，调节流量，使其稳定到试验要求的流量，试验得到的进水流量值见表 4.1。

表 4.1　　　　　　　　　　　　进　水　流　量　值

粒径/μm	51	51	51	101	101	101	196	196	196
流量/(t/h)	55.4	55.4	53.9	53.9	52.6	53.8	54.4	53.3	53.6
	54.7	55.4	54.9	53.1	54.4	53.1	53.1	53.3	53.9

续表

55.7	54.9	53.4	55.2	54.7	52.6	54.6	53.3	53.1
54.9	53.1	53.9	54.7	53.3	54.6	53.1	54.4	53.4
54.7	53.4	54.9	54.9	53.1	54.5	53.6	53.6	53.9
54.4	53.1	54.7	53.9	52.4	53.6	53.8	53.4	54.7
53.6	54.9	54.7	52.6	52.1	53.9	53.3	54.6	53.4
53.9	54.7	54.4	54.4	53.3	52.6	53.1	53.9	53.4
54.9	53.9	54.7	54.7	53.3	52.7	52.4	54.8	52.4
53.6	53.9	54.9	54.9	52.8	52.6	52.1	54.7	52.1

流量/(t/h) 对应上表数据。

平均值/(t/h)	54.6	54.3	54.4	54.2	53.2	53.4	53.4	53.9	53.4
标准差	0.713	0.901	0.527	0.847	0.823	0.788	0.787	0.632	0.746
变异系数	0.013	0.016	0.009	0.015	0.015	0.014	0.0145	0.011	0.013

由表 4.1 可以看出，每组试验的进水流量的变异系数都小于 0.05，所以每组试验的流量可认为处于稳定状态，每组试验流量的平均值为 53.9t/h，标准差为 0.535，变异系数为 0.01，整组试验过程中的进水流量非常稳定，流量都是一样的，取平均流量 53.9t/h 为实际流量，约为 15L/s。

进水流量取 15L/s，并计算出目标浓度。处理后实际出水浓度为出水浓度减去背景浓度出水平均值（10.5mg/L），得到不同浓度条件下的去除率如图 4.4 所示。

由图 4.4 可以看出，设备的去除率受浓度的影响特别小，可以不考虑。由此试验可以得出设备的去除率与进水中污染物的浓度无关。

3. 粒径影响试验

在试验过程中，分析砂子粒径大小对设备去除率的影响。

（1）7L/s 流量条件下的粒径试验。试验过程中，调节流量，待其稳定到试验要求的流量附近时，记录流量数据，得到的进水流量值见表 4.2。

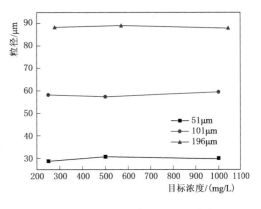

图 4.4　不同浓度条件下的去除率

表 4.2　　　　　进 水 流 量 值（7L/s）

粒径/μm	10	32	51	71	101	116	143	196	298	403
流量/(t/h)	26.6	25.4	24.3	25.9	25.4	24.9	25.9	25.7	26.5	25.6
	24.7	26.6	24.6	24.6	25.9	25.5	25.5	25.7	25.5	25.7
	25.5	25.0	24.6	25.4	25.9	26.7	26.5	25.5	26.7	26.3
	25.7	25.1	25.1	25.1	25.1	26.9	26.5	25.9	26.3	26.5

续表

流量/(t/h)	26.8	25.4	25.4	25.6	27.2	25.9	26.7	25.6	26.8	25.9
	26	26.6	25.6	25.1	26.7	26.7	25.5	25.7	26.5	26.5
	25.2	26.9	25.4	24.6	26.9	25.4	25.5	25.7	26.3	25.7
	24.7	26.6	25.9	24.8	25.9	25.4	25.2	25.7	26.2	25.7
	24.3	26.9	24.6	24.3	24.6	24.9	25.8	25.4	25.8	25.4
	25.4	24.8	24.9	25.1	26.4	25.1	25.8	25.2	25.5	25.6
	24.4	24.6	25.4	25.4	26.7	25.4	25.9	25.5	25.5	25.7
	24.9	26.9	25.4	25.1	26.9	25.4	25.8	26.3	25.8	25.7
平均值/(t/h)	25.4	25.9	25.1	25.1	26.1	25.7	25.9	25.7	26.1	25.9
标准差	0.815	0.921	0.494	0.457	0.806	0.708	0.463	0.271	0.478	0.368
变异系数	0.032	0.036	0.019	0.018	0.031	0.028	0.018	0.011	0.018	0.014

由表 4.2 可以看出，每组试验的进水流量的变异系数都小于 0.05，每组试验的流量可认为处于稳定状态，同时每组试验流量的平均值为 25.7t/h，标准差为 0.383，变异系数为 0.0149，可以认为整组试验过程中的进水流量非常稳定，流量都是一样的，取平均流量 25.7t/h 为实际流量，为试验数据处理方便，进水流量约为 7L/s。

进水流量取 7L/s，并计算出目标浓度。处理后实际出水浓度为出水浓度减去背景浓度出水平均值（10.5mg/L），不同浓度条件下的去除率如图 4.5 所示。

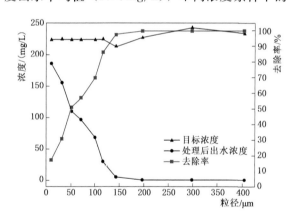

图 4.5 连续偏转技术设备在 7L/s 进水流量条件下对不同粒径污染物的去除率

在数据分析的过程中，出现出水浓度减去背景浓度（10.5mg/L）为负值的现象。这是因为试验的进水中有一定量的污染物，试验加入的砂子有吸附沉淀作用，设备去除砂子的同时也带走了污染物，从而出现出水浓度减去背景浓度为负数的现象。出水浓度为负值的都取数值为 0，可认为设备的去除率为 100%。

由图 4.5 可以看出，连续偏转技术设备对污染物的去除率随着粒径的变大而提高，在粒径由 10μm 变大至 70μm 时，去除率快速提高；当粒径增大到 150μm 时，去除率缓慢提高；当粒径继续增大，去除率提高得特别缓慢，且去除率达到最大值 100%。

（2）15L/s 流量条件下的粒径试验。试验过程中，调节流量，待其稳定到试验要求的流量附近时，记录流量数据，得到的进水流量值见表 4.3。

表 4.3 　　　　　　　　进 水 流 量 值 （15L/s）

粒径/μm	10	32	51	71	101	116	143	196	298	403
	54.7	54.7	55.4	54.7	53.9	55	54.6	54.4	52.9	52.8
	54.9	55.9	54.7	54.9	53.1	54.1	54.1	53.1	53.4	53.1
	55.4	55.2	55.7	53.9	55.2	53.7	54.4	54.6	53.4	53.4
	53.9	55.4	54.9	54.7	54.7	54.6	53.6	53.1	53.1	53.8
流量/(t/h)	53.9	55.4	54.7	53.4	54.9	54.5	53.4	53.3	53.3	53.8
	54.4	55.4	54.4	53.1	53.9	54.6	53.9	53.8	53.3	53.1
	53.6	54.9	53.6	52.9	52.6	53.9	53.6	53.3	53.3	52.6
	53.6	54.4	53.9	53.1	54.4	54.8	53.9	53.1	52.8	52.6
	53.9	53.1	54.9	53.4	54.7	55.6	53.4	52.4	52.4	52.7
	53.6	54.7	53.6	53.4	54.9	54.9	53.4	52.1	52.3	52.6
平均值/(t/h)	54.2	54.9	54.6	53.8	54.2	54.6	53.8	53.4	53.1	53.1
标准差	0.629	0.775	0.713	0.728	0.847	0.562	0.429	0.788	0.408	0.477
变异系数	0.012	0.014	0.013	0.014	0.016	0.011	0.008	0.015	0.008	0.009

由表 4.3 可以看出，每组试验的进水流量的变异系数都小于 0.05，所以每组试验的流量处于稳定状态，同时每组试验流量的平均值为 53.9t/h，标准差为 0.659，变异系数为 0.0122，整组试验过程中的进水流量非常稳定，取平均流量 53.9t/h 为实际流量，为试验数据处理方便，进水流量约为 15L/s。

进水流量取 15L/s，并计算出目标浓度。处理后实际出水浓度为出水浓度减去背景浓度出水平均值（9.25mg/L），得到不同浓度条件下对不同粒径污染物的去除效率如图 4.6 所示。

数据处理中同样出现出水浓度减去背景浓度（10.5mg/L）为负值的情况，此时处理后出水浓度取值为 0，产生这种现象同样是因为砂子有一定的吸附沉淀作用，带走一定量的污染物。此时认为设备对此粒径砂子的去除率为 100%。

由图 4.6 可以看出，设备对污染物的去除率随着粒径的变大而提高，在粒径由 10μm 变大至 120μm 时，去除率快速提高；当粒径继续变大时，去除率缓慢提高，最后去除率达到最大值 100%。在流量为 15L/s 的条件下，当

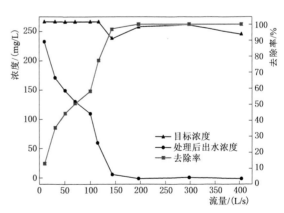

图 4.6　连续偏转技术设备在 15L/s 进水流量条件下对不同粒径污染物的去除率

砂子粒径达到 $120\mu m$ 时，去除率能达到 80％。

（3）22L/s 流量条件下的粒径试验。试验过程中，调节流量，待其稳定到试验要求的流量附近时，记录流量数据，得到的进水流量值见表 4.4。

表 4.4　　　　　　　　　　　　进 水 流 量 值 （22L/s）

粒径/μm	10	32	51	71	101	116	143	196	298	403
流量/(t/h)	80.1	78.1	76.3	73.2	80.9	80.4	81.4	82.1	80.9	79.6
	81.4	77.6	77.3	73	82.1	81.4	81.4	81.6	79.9	80.1
	81.9	77.1	76.3	73.7	81.1	81.1	81.1	81.9	79.9	79.9
	80.4	77.8	76.8	73.5	81.4	81.5	82.9	83.2	80.1	78.8
	78.3	78	75.3	75	80.9	81.4	83.7	93.4	80.4	79.6
	78.3	78.1	73.3	74	81.6	80.9	82.4	82.1	81.9	80.9
	77.6	76.3	73.7	74.8	81.9	80.4	80.1	81.9	81.6	79.6
	78.8	75.8	74.3	73.7	82	79.3	80.1	82.1	81.1	78.8
平均值/(t/h)	79.6	77.4	75.4	73.9	81.5	80.8	81.6	83.5	80.7	79.7
标准差	1.578	0.877	1.498	0.713	0.488	0.745	1.285	4.012	0.772	0.684
变异系数	0.02	0.011	0.019	0.009	0.006	0.009	0.016	0.048	0.010	0.009

由表 4.4 可以看出，每组试验的进水流量的变异系数都小于 0.05，每组试验的流量处于稳定状态，同时每组试验流量的平均值为 79.4t/h，标准差为 3.001，变异系数为 0.0378，整组试验过程中的进水流量非常稳定，取平均流量 79.4t/h 为实际流量，为试验数据处理方便，进水流量约为 22L/s。

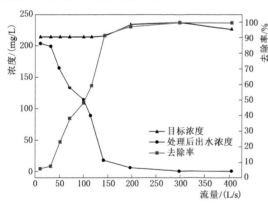

图 4.7　连续偏转技术设备在 22L/s
进水流量条件下对不同粒径
污染物的去除率

进水流量取 22L/s，并计算出目标浓度。处理后实际出水浓度为出水浓度减去背景浓度出水平均值（10.5mg/L），得到不同浓度条件下对不同粒径的去除率如图 4.7 所示。

由图 4.7 可以看出，设备对污染物的去除率随着粒径的变大而提高，在粒径由 $10\mu m$ 变大至 $150\mu m$ 时，去除率快速提高；当粒径继续变大时，去除率缓慢提高，最后去除率趋于最大值 100％。在流量为 22L/s 的条件下，当砂子粒径达到 $200\mu m$ 时，去除率能达到 90％以上。

（4）27L/s 流量条件下的粒径试验。试验过程中，调节流量，待其稳定到试验要求的流量附近时，记录流量数据，得到的进水流量值见表 4.5。

表 4.5 进 水 流 量 值 （27L/s）

粒径/μm	10	32	51	71	101	116	143	196	298	403
	96.6	95.4	95.4	97.5	97.2	96.1	96.4	96.1	96.6	97.9
	97.4	96.4	96.1	98.2	97.2	96.6	95.1	96.1	96.9	97.7
	98.2	96.1	97.4	97.9	96.6	97.1	95.7	95.6	95.8	97.9
流量/(t/h)	97.9	96.1	96.6	98.2	97.7	97.1	96.6	96.4	98.2	97.7
	96.2	96.1	96.9	99.2	96.1	96.9	97.4	96	97.9	96.1
	95.4	95.4	97.6	99.3	96.4	95.6	97.6	96.4	96.1	98.2
	96.4	95.9	96.6	98.7	95.6	97.9	97.4	97.6	97.4	97.9
平均值/(t/h)	96.9	95.9	96.7	98.4	96.7	96.8	96.6	96.3	97.0	97.6
标准差	1.000	0.380	0.752	0.668	0.727	0.748	0.947	0.628	0.897	0.695
变异系数	0.010	0.004	0.008	0.007	0.008	0.008	0.010	0.007	0.009	0.007

由表 4.5 可以看出，每组试验的进水流量的变异系数都小于 0.05，所以每组试验的流量可以认为处于稳定状态，同时每组试验流量的平均值为 96.9t/h，标准差为 0.699，变异系数为 0.0072，所以可以认为整组试验过程中的进水流量非常稳定，流量都是一样的。取平均流量 96.9t/h 为实际流量，为试验数据处理方便，进水流量约为 27L/s。

进水流量取 27L/s，并计算出目标浓度。处理后实际出水浓度为出水浓度减去背景浓度出水平均值（10.5mg/L），得到不同浓度条件下对不同粒径污染物的去除率如图 4.8 所示。

由图 4.8 可以看出，设备对污染物的去除率随着粒径的变大而提高，在粒径由 10μm 变大至 150μm 时，去除率快速提高；当粒径继续变大时，去除率缓慢提高，最后去除率趋于最大值 100%。在流量为 27L/s 的条件下，当砂子粒径达到 300μm 时，去除率能达到 85%以上。

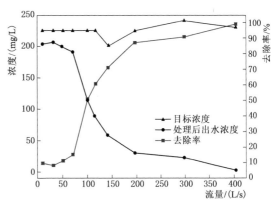

图 4.8 连续偏转技术设备在 27L/s 进水流量条件下对不同粒径污染物的去除率

（5）35L/s 流量条件下的粒径试验。试验过程中，调节流量，使其稳定到试验要求的流量附近时，记录流量数据，得到的进水流量值见表 4.6。

表 4.6 进 水 流 量 值 （35L/s）

粒径/μm	10	32	51	71	101	116	143	196	298	403
	126.5	128.2	127.2	122.6	126.3	127.6	126.7	122.6	122.3	124.1
流量/(t/h)	128.1	124.1	127.2	123.9	126.9	126.4	128	126.4	123.2	126.1
	127.4	127.9	126.2	124.7	126.3	125.6	126	126.8	124.1	127.9

续表

流量/(t/h)	125.4	126.6	126.2	126.4	126.7	124.6	125.2	127.4	127.6	125.6
	124.4	124.1	124.6	125.9	125.1	124.1	127.6	125.9	125.1	124.1
	125.4	126.4	127.9	124.6	127.9	126.2	128.2	122.9	124.4	125.4
平均值/(t/h)	126.2	126.2	126.6	124.7	126.5	125.8	127.0	125.3	124.5	125.5
标准差	1.391	1.784	1.159	1.370	0.916	1.274	1.193	2.063	1.825	1.418
变异系数	0.011	0.014	0.009	0.011	0.007	0.010	0.009	0.016	0.015	0.011

由表 4.6 可以看出，每组试验的进水流量的变异系数都小于 0.05，每组试验的流量处于稳定状态，同时每组试验流量的平均值为 125.8t/h，标准差为 0.824，变异系数为 0.0066，整组试验过程中的进水流量非常稳定，取平均流量 125.8t/h 为实际流量，为试验数据处理方便，进水流量约为 35L/s。

进水流量取 35L/s，并计算出目标浓度，对得到的数据进行分析处理对不同粒径污染物的去除率如图 4.9 所示。

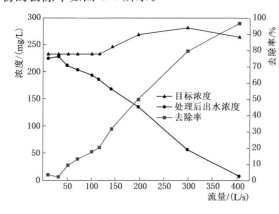

图 4.9　连续偏转技术设备在 35L/s 进水流量条件下对不同粒径污染物的去除率

由图 4.9 可以看出，连续偏转技术设备对水体中污染物的去除率随着粒径的变大先缓慢上升再快速提高，最后趋于平缓。同样，产生上述现象是因为，在大流量的情况下，连续偏转技术设备对水体中污染物的切割粒径非常大，小粒径污染物在大流量的情况下，去除率非常低且不稳定，所以在小粒径的范围内，连续偏转技术设备对污染物的去除率不会随粒径的增大而提高。可以发现，连续偏转技术设备在大流量的情况下，污染物粒径在切割粒径附近变化时，去除率变化没有在小流量的情况下明显，这主要是因为，在大流量的情况下，水体产生的流场非常不稳定，同时粒径自身大小的影响也没有，在小流量的情况下明显，所以在大流量的情况下，连续偏转技术设备对水体中污染物的去除，变化没有在小流量的情况下明显。

4. 流量对去除率的影响试验

试验过程中，研究了不同流量条件下连续偏转技术设备对砂子的去除率的影响试验。在试验过程中，由于连续偏转技术设备的最大处理能力为 25L/s，当进水流量超过 25L/s 时，有一部分进水会溢流而直接经过设备排出，为此试验过程中砂子去除率试验最大流量达到 35L/s。不同进水流量条件下的去除率如图 4.10 所示。

由图 4.10 可以看出，连续偏转技术设备的去除率都是随着流量的增大而降低，出现这种现象主要是因为，在小流量时，水力停留时间非常大，大大增加了设备对水体中污染物的捕捉、沉淀的反应时间。同时在小流量的条件下，水体流速缓慢，有利于水体中污染物的沉积，这大大提高了设备对污染物的去除率；当流量增大时，水力停留时间快速变短，这不利于水体中污染物的去除，同时水体流场相对紊乱，非常不利于污染物的沉积。当流量较大时，进水中有一部分水体是通过旁路直接溢流到出水管中，这样大大降低了设备的去除率。

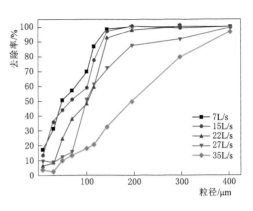

图 4.10　连续偏转技术设备在不同进水流量条件下的去除率

连续偏转技术设备对相同粒径砂子的去除率随着流量的增大而降低。当流量为 7L/s、粒径为 120um 时，去除率达到 80％以上；当流量增大到 22L/s 时，去除率下降到 58％；当流量为 35L/s 时，去除率仅仅为 20％。

利用 Origin 软件对不同进水流量条件下的去除率进行拟合，发现不同进水流量条件下的砂子去除率与粒径有着非线性相关性，得到非线性公式，公式同式（2.4）。

连续偏转技术设备参数值见表 4.7。

表 4.7　　　　　　　　　连续偏转技术设备参数值

流量/(L/s)	A_1	A_2	x_0	p	残差平方和	R^2
7	17.84	104.84	70.99	2.30	36.12	0.9623
15	17.39	107.40	84.42	2.12	76.33	0.9249
22	7.82	104.73	101.18	3.12	62.05	0.9578
27	7.45	94.60	106.45	4.21	16.66	0.9876
35	3.60	128.41	248.40	2.26	4.05	0.9962

由表 4.7 可以看出，在每种进水流量条件下，设备的去除率都与粒径有着非常好的相关性，R^2 都大于 0.9。同时可以发现，随着流量的增大，R^2 值与 1 先偏离后慢慢接近，这主要是因为，在大流量的条件下，主要受到水力影响，影响相对微小，所以相关性比较好。连续偏转技术设备在不同进水流量条件下的拟合曲线如图 4.11 所示。

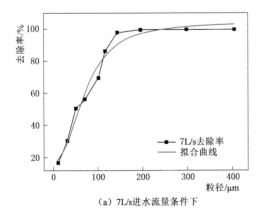

（a）7L/s 进水流量条件下

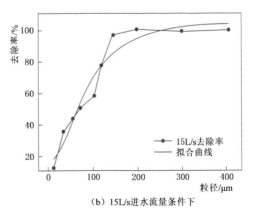

（b）15L/s 进水流量条件下

图 4.11（一）　连续偏转技术设备在不同进水流量条件下的拟合曲线

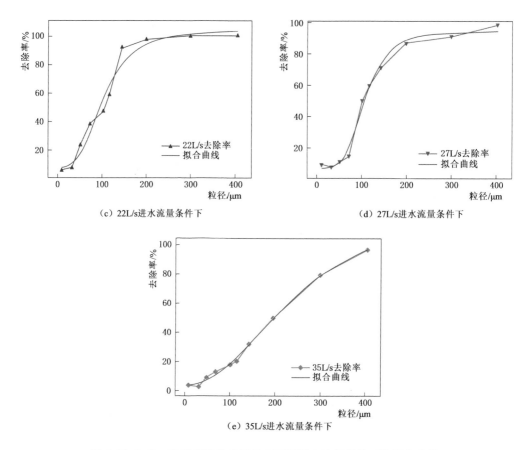

图 4.11（二）　连续偏转技术设备在不同进水流量条件下的拟合曲线

设备在不同进水流量条件下的去除率与粒径都有着很好的相关性，残差分布如图 4.12 所示。随着流量的增大，残差偏离真实值先变大后慢慢变小，这也很好地解释了随着流量的增大，R^2 值波动变化显著，其值先降低再升高的现象。

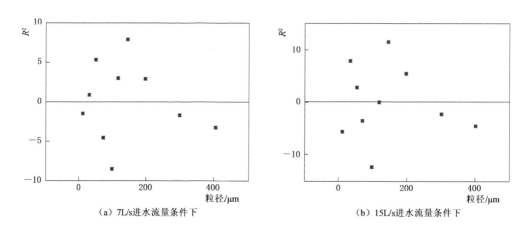

图 4.12（一）　连续偏转技术在不同进水流量条件下的残差分布

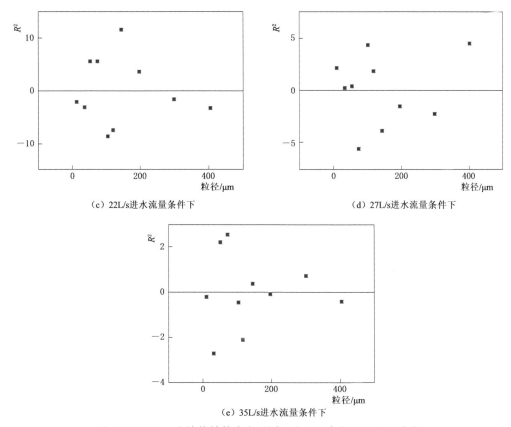

（c）22L/s进水流量条件下   （d）27L/s进水流量条件下

（e）35L/s进水流量条件下

图 4.12（二）　连续偏转技术在不同进水流量条件下的残差分布

5. 粒径-流量与连续偏转技术设备去除率的关系

根据污染物粒径、流量对连续偏转技术设备去除率影响试验的结果，作粒径-流量-去除效率三维曲面图（图 4.13）。

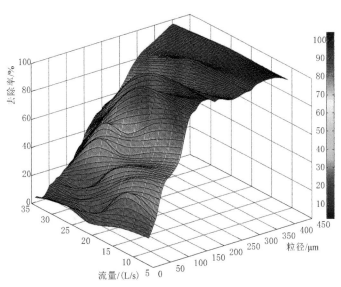

图 4.13　粒径-流量-去除率三维曲面图（连续偏转技术设备）

113

从粒径-流量-去除率三维曲面图可以看出，去除率的大小和粒径、流量有关，使用 1stOpt 软件，采用麦夸特法＋通用全局优化法进行拟合，得到的非线性关系式为

$$E = \frac{P_1 + P_2 d + P_3 d^2 + P_4 d^3 + P_5 Q + P_6 Q^2}{1 + P_7 d + P_8 d^2 + P_9 Q + P_{10} Q^2 + P_{11} Q^3}, R^2 = 0.9805 \tag{4.1}$$

式中　　　　　　E——去除率，%；

　　　　　　　　d——粒径，μm；

　　　　　　　　Q——流量，L/s；

P_1，P_2，…，P_{11}——系数，取值见表 4.8。

表 4.8　　　　　　　　　　　　　　　　系　数　取　值

系数	值	系数	值
P_1	32.6003746154559	P_7	-0.00860885437279083
P_2	0.155343688018816	P_8	$3.15534944005378E-5$
P_3	-0.00114227037956209	P_9	0.00267106257464504
P_4	$5.68281778408987E-6$	P_{10}	-0.00118757944125282
P_5	-1.69634176739874	P_{11}	$3.15619896102039E-5$
P_6	0.0204187217395367		

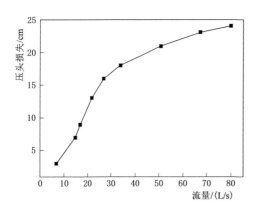

图 4.14　连续偏转技术设备在不同
进水流量条件下的压头损失

6. 压头损失试验

试验过程中，在不同流量水体经过设备时，记录进水管与出水管的压差（以 H_2O 计），压头损失如图 4.14 所示。

由图 4.14 可以看出，压头损失随着流量的增大而增大。由于滤网结构的影响，流量越大水体的流速越大，使得其反向过水能力越弱，此时压头损失快速增加；当进水流量超过设备处理流量时，设备会启动溢流反应，溢流会大大降低设备的压头损失，所以此时随着流量的增大，压头损失增加速度变缓。

压头损失 ΔP 与流量 Q 的拟合关系式为

$$\Delta P = -0.0052 Q^3 + 0.2543 Q^2 - 3.109 Q + 14.1, R^2 = 1 \tag{4.2}$$

当流量 Q 大于 25L/s 时，拟合关系式为

$$\Delta P = -0.002 Q^2 + 0.3582 Q + 7.8969, R^2 = 0.9986 \tag{4.3}$$

7. 粒径分析

试验过程中，为了更加清楚地了解连续偏转技术设备对水体中污染物的去除效果，模拟混合任意粒径带的砂子，把混合后的砂子加入到设备的进水当中，此时取一定量的进水水体，测定其污染物的粒径分布，同时取一定量的出水水体，测定其污染物的粒径分布，进水污染物粒径分布和出水污染物粒径分布分别如图 4.15 和图 4.16 所示。

Result Analysis Report

Sample Name: 0-1 - Average	SOP Name:	Measured: 2016年8月29日 16:24:40
Sample Source & type: 水科院	Measured by: LD Lab	Analysed: 2016年8月29日 16:24:41
Sample bulk lot ref:	Result Source: Averaged	

Particle Name: New sample material 1.5/0.0	Accessory Name: Hydro 2000MU (A)	Analysis model: General purpose	Sensitivity: Normal
Particle RI: 1.500	Absorption: 0	Size range: 0.020　to　2000.000　um	Obscuration: 8.78　%
Dispersant Name: Water	Dispersant RI: 1.330	Weighted Residual: 0.532　%	Result Emulation: Off

Concentration: 0.0333　%Vol	Span : 3.848	Uniformity: 1.22	Result units: Volume
Specific Surface Area: 0.208　m?g	Surface Weighted Mean D[3,2]: 28.835　um	Vol. Weighted Mean D[4,3]: 257.364　um	

d(0.1):　9.814　um　　　　　　d(0.5):　165.256　um　　　　　　d(0.9):　645.795　um

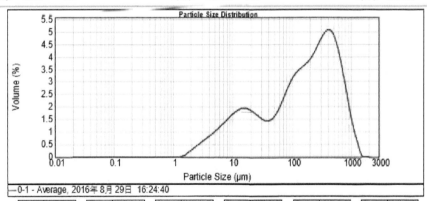

—0-1 - Average, 2016年 8月 29日　16:24:40

Operator notes:

Malvern Instruments Ltd.
Malvern, UK
Tel :: +[44] (0) 1684-892456 Fax +[44] (0) 1684-892789

Mastersizer 2000 Ver. 5.60
Serial Number : MAL500995

File name: 1142水样.mea
Record Number: 4
2016-8-29 16:59:13

图 4.15　进水污染物粒径分布

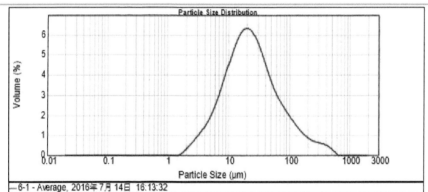

图 4.16 出水污染物粒径分布

由图 4.15 可以看出，进水中悬浮物的粒径，d (0.1)❶ 时 9.8μm，d (0.5)❷ 时为 165.3μm，d (0.9)❸ 时为 645.7μm；由图 4.16 可以看出，出水中悬浮物的粒径，d (0.1) 时为 6.4μm，d (0.5) 时为 22.1μm，d (0.9) 时为 100.8μm。通过对比发现，设备对进出水中大粒径的污染物去除率非常高，d (0.9) 时由 645.7μm 减小到 100.8μm，对小粒径的污染物去除率不是非常明显，d (0.1) 时由 9.8μm 降到 6.4μm。可以发现，经过设备后，水体中的大粒径污染物得到有效去除。

4.2　连续偏转技术设备应用示范研究

引进型号为 F0912 的连续偏转技术设备，将其安装于泵站排水口，示范研究设备的实际应用效果。示范场设计建设及运行管理相关情况同 3.5 节。

4.2.1　仓联庄泵站排水水质处理效果分析

1.2017 年 6 月 23 日排水水质监测结果分析

对 2017 年 6 月 23 日仓联庄泵站开泵采集到的样品进行分析，进出水中的 SS 浓度变化特征如图 4.17 所示，COD 浓度变化特征如图 4.18 所示，TP 浓度变化特征如图 4.19 所示，TN 浓度变化特征如图 4.20 所示，NH$_3$ - N 浓度变化特征如图 4.21 所示。

由图 4.17 可以看出，设备出水 SS 浓度明显低于进水 SS 浓度，且处理效果相对稳定，设备进水 SS 平均浓度约为 290mg/L，出水平均浓度约为 180mg/L，设备对 SS 的去除率约为 38%。

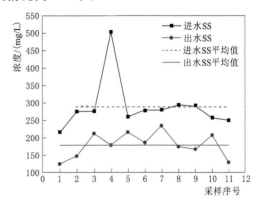

图 4.17　进出水中的 SS 浓度变化特征

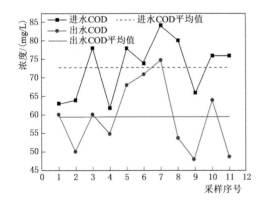

图 4.18　进出水中的 COD 浓度变化特征

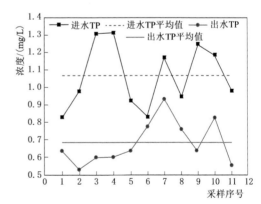

图 4.19　进出水中的 TP 浓度变化特征

---

❶d (0.1)，现常写为 d10，表示粒度累积分布（0～100%）中 10% 所对应的直径。

❷d (0.5)，现常写为 d50，表示粒度累积分布（0～100%）中 50% 所对应的直径。

❸d (0.9)，现常写为 d90，表示粒度累积分布（0～100%）中 90% 所对应的直径。

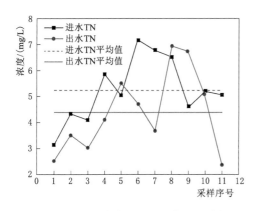

图 4.20 进出水中的 TN 浓度变化特征

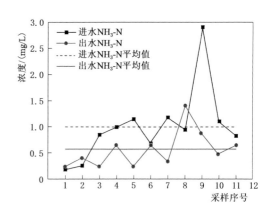

图 4.21 进出水中的 NH_3-N 浓度变化特征

由图 4.18、图 4.19 可以看出，连续偏转技术设备的进水 COD 浓度、TP 浓度与出水 COD 浓度、TP 浓度的变化特征跟 SS 浓度的变化特征一致，这主要是因为，雨水径流中的 SS 负荷着大量的 COD、TP 等污染物，并且雨水径流中 SS 与 COD、TP 的相关性比较好，所以在去除雨水径流中 SS 的同时，部分 COD、TP 污染物被协同去除。

由图 4.18 可以看出，连续偏转技术设备的进水 COD 平均浓度约为 73mg/L，出水 COD 平均浓度约为 59mg/L，设备对 COD 的去除率约为 18%。由图 4.19 可以看出，连续偏转技术设备进水 TP 平均浓度约为 1.06mg/L，出水 TP 平均浓度为 0.68mg/L，设备对 TP 的去除率约为 36%。

由图 4.20 可以看出，连续偏转技术设备对水体中 TN 具有一定的去除效果，但是没有对 COD 和 TP 的去除效果明显。进水 TN 平均浓度约为 5.3mg/L，出水 TN 平均浓度约为 4.4mg/L，连续偏转技术设备对 TN 的去除率约为 17%。

由图 4.21 可以看出，连续偏转技术设备进水 NH_3-N 平均浓度为 1.02mg/L，出水 NH_3-N 平均浓度为 0.58mg/L，设备对 NH_3-N 的去除率约为 43%。

综上所述，示范设备对仓联庄泵站在 2017 年 6 月 23 日的排水有着良好的去除效果，设备对 SS、COD、TP、TN 与 NH_3-N 的去除率分别约为 38%、18%、36%、17% 和 43%。

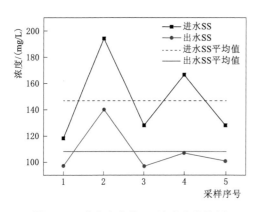

图 4.22 进出水中的 SS 浓度变化特征

2.2017 年 7 月 6 日排水水质监测结果分析

对 2017 年 7 月 6 日仓联庄泵站开泵采集到的样品进行分析，进出水中 SS 浓度变化特征如图 4.22 所示，COD 浓度变化特征如图 4.23 所示，TP 浓度变化特征如图 4.24 所示，TN 浓度变化特征如图 4.25 所示，NH_3-N 浓度变化特征如图 4.26 所示。

由图 4.22 可以看出，连续偏转技术设备对雨水径流中的污染物有着良好的去除效果，出水 SS 浓度明显低于进水 SS 浓度。由图 4.23、图 4.24 可以看出，连续偏转技术设备对雨水径流中 COD、TP 的去除效果跟 SS 有着相似的变化特征，这也侧面证明了雨水径流中的 SS 与 COD、TP 有着良好的相关性。

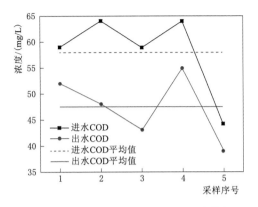

图 4.23　进出水中的 COD 浓度变化特征

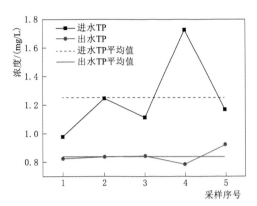

图 4.24　进出水中的 TP 浓度变化特征

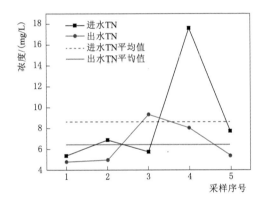

图 4.25　进出水中的 TN 浓度变化特征

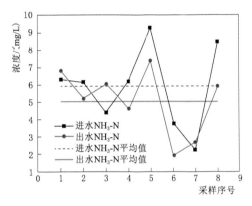

图 4.26　进出水中的 NH_3-N 浓度变化特征

由图 4.22 可以看出，连续偏转技术设备进水 SS 平均浓度为 148mg/L，出水 SS 平均浓度为 108mg/L，设备对 SS 的去除率约为 25%。由图 4.23 可以看出，连续偏转技术设备进水 COD 平均浓度为 56mg/L，出水 COD 平均浓度为 45mg/L，设备对 COD 的去除率约为 18%。由图 4.24 可以看出，连续偏转技术设备进水 TP 平均浓度约为 1.25mg/L，出水 TP 平均浓度为 0.84mg/L，设备对 TP 的去除率约为 33%。

由图 4.25、图 4.26 可以看出，同样出现连续偏转技术设备对进出水中的 TN、NH_3-N 的去除效果同样没有 SS 好，产生这种现象，很好地说明了雨水径流中的 SS 与 TN、NH_3-N 的相关性不好。

由图 4.25 可以看出，连续偏转技术设备进水 TN 平均浓度约为 8.7mg/L，出水 TN 平均浓度为 6.4mg/L，设备对 TN 的去除率约为 25%。由图 4.26 可以看出，连续偏转技术设备进水 NH_3-N 平均浓度为 5.1mg/L，出水 NH_3-N 平均浓度为 3.9mg/L，设备对 NH_3-N 的去除率约为 24%。

综上所述，2017 年 7 月 6 日仓联庄泵站开泵期间，设备对 SS、COD、TP、TN 与

$NH_3 - N$ 的去除率分别约为 25％、18％、33％、25％和 24％。

如第 3 章所述，当污染物粒径相同时，设备的去除效果受进水浓度影响较小，对比 2017 年 6 月 23 日监测结果及 7 月 6 日监测结果可以看出，设备的去除效果虽然受进水浓度的影响较小，但是受进水水质特性如污染物粒径等的影响较大。

3. 两次排水特征对示范设备去除率影响分析

根据两次排水监测结果可以看出，示范设备对地道雨水径流中的污染物有一定的截留效果，在 2017 年 6 月 23 日仓联庄泵站排水过程中，设备对 SS、COD、TP、TN 与 $NH_3 - N$ 的去除率分别约为 38％、18％、36％、17％和 43％；在 2017 年 7 月 6 日仓联庄泵站排水过程中，设备对 SS、COD、TP、TN 与 $NH_3 - N$ 的去除率分别约为 25％、18％、33％、25％和 24％。可以发现，设备对两次排水的去除效果有着一定的差别，2017 年 6 月 23 日排水过程中设备的去除效果明显好于 7 月 6 日排水过程中设备的去除效果。

为此在示范试验的过程中，于泵站排水后对泵站前池水进行了样品采集，严格按照要求，开泵后每隔 10min 采集 1 次。对采集到的样品进行了指标检测，对检测到的数值进行平均分析，平均分析得到的数值代表着此次泵站排水水质污染情况。仓联庄泵站两次排水水质比对如图 4.27 所示。

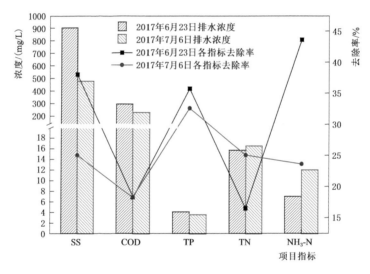

图 4.27　仓联庄泵站两次排水水质比对

由图 4.27 可以看出，泵站两次排水的水质指标 COD、TN 与 TP 浓度相差不大，但是可以明显看出 SS 浓度差别特别大。这主要是因为，2017 年 6 月 23 日出现了天津市当年的第一场大型降雨，仓联庄泵站平时收集的水体主要是地下渗出水，而 2017 年的第一场大型降雨使得平时积累的大量污染物通过雨水冲刷进入到仓联庄泵站，这些污染物中含有大量的黏土、泥沙等物质，使得水体中存在大量的悬浮颗粒物；经过 6 月 23 日的降雨冲刷，2017 年 7 月 6 日的降雨使得黏土、泥沙等物质大量减少，此时水体中的颗粒悬浮物较少，但是微小的灰尘等污染物同样比较多，相对来说此时水体中的颗粒悬浮物负载的污染物质较多。示范设备主要通过去除雨水径流中的颗粒物协同去除水体中的污染物，由于 2017 年 6 月 23 日仓联庄泵站排水中的污染物主要以黏土、泥沙为载体，并且这些物质的粒径相对比较大，所以连续偏转技术设备对 SS 的去除效果比较好；由于 2017 年 7 月 6 日水体中的颗粒悬浮物相对较少，但是其负载的污染物相对比较多，所以出现设备对 SS 的去除率比较高，对 COD 与 TP 去除率差别不大的现象。同时，由于雨水径流中的 SS 与 TN、NH_3-N 的相关性比较低，因此连续偏转技术设备对 TN、NH_3-N 的去除率的规律性不明显。

4.2.2 盐坨桥泵站水质监测结果分析

1.2017 年 6 月 23 日排水水质监测结果分析

对 2017 年 6 月 23 日盐坨桥泵站开泵采集到的样品进行分析，进出水中的 SS 浓度变化特征如图 4.28 所示，COD 浓度变化特征如图 4.29 所示，TP 浓度变化特征如图 4.30 所示，TN 浓度变化特征如图 4.31 所示，NH_3-N 浓度特征如图 4.32 所示。

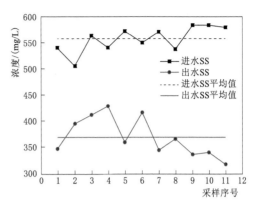

图 4.28 进出水中的 SS 浓度变化特征

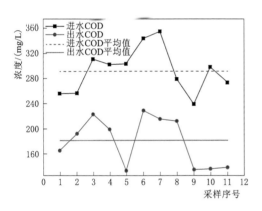

图 4.29 进出水中的 COD 浓度变化特征

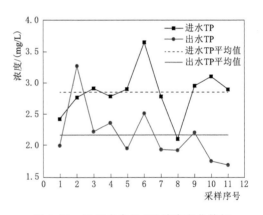

图 4.30 进出水中的 TP 浓度变化特征

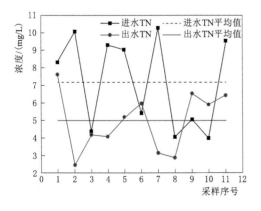

图 4.31 进出水中的 TN 浓度变化特征

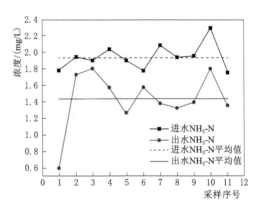

图 4.32 进出水中的 NH_3-N 浓度变化特征

由图 4.28 可以看出，设备的进水 SS 浓度明显高于出水 SS 浓度，并且规律性比较好，同时不存在交汇现象，表明连续偏转技术设备运行稳定。从图 4.28 可以看出，连续偏转技术设备进水 SS 平均浓度约为 560mg/L，出水 SS 平均浓度为 370mg/L，设备对 SS 的去除率约为 34%。

由图 4.29、图 4.30 可以看出，连续偏转技术设备的进水 COD 浓度、TP 浓度与出水 COD 浓度、TP 浓度的变化特征跟 SS 浓度的变化特征类似，这主要是因为，雨水径流中的 SS 负载着大量的 COD、TP 等污染物，并且雨水径流中的 SS 与 COD、TP 的相关性比较好，所以在去除雨水径流中 SS 的同时，伴随着大量的 COD、TP 等污染物被协同去除，因此连续偏转技术设备对雨水径流中的 COD、TP 的去除，其浓度变化特征跟 SS 一致。

由图 4.29 可以看出，连续偏转技术设备的进水 COD 平均浓度约为 290mg/L，出水 COD 平均浓度约为 182mg/L，设备对 COD 的去除率约为 38%。由图 4.30 可以看出，连续偏转技术设备进水 TP 平均浓度约为 2.85mg/L，出水 TP 平均浓度为 2.18mg/L，设备对 TP 的去除率约为 24%。

由图 4.31、图 4.32 可以看出，连续偏转技术设备对进出水中的 TN、NH_3-N 的去除效果相比 SS 差，产生这种现象的主要原因是颗粒悬浮物负载的污染物的性质不同。

由图 4.31 可以看出，连续偏转技术设备进水 TN 平均浓度约为 7.2mg/L，出水 TN 平均浓度约为 5.0mg/L，设备对 TN 的去除率约为 31%。由图 4.32 看出，连续偏转技术设备进水 NH_3-N 平均浓度约为 1.95mg/L，出水 NH_3-N 平均浓度约为 1.44mg/L，设备对 NH_3-N 的去除率约为 26%。

综上所述，设备对 SS、COD、TP、TN 与 NH_3-N 的去除率分别约为 34%、38%、24%、31% 和 26%，该示范设备对雨水径流中的污染物有着良好的去除效率，为该项技术与设备的实际应用奠定了基础。

2. 2017 年 7 月 6 日排水水质监测结果分析

对 2017 年 7 月 6 日盐坨桥泵站开泵采集到的样品进行分析，进出水中的 SS 浓度变化特征如图 4.33 所示，COD 浓度变化特征如图 4.34 所示，TP 浓度变化特征如图 4.35 所示，TN 浓度变化特征如图 4.36 所示，NH_3-N 浓度变化特征如图 4.37 所示。

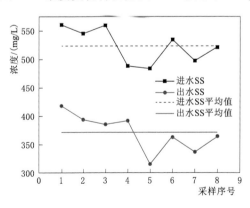 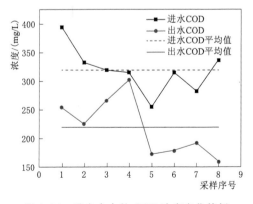

图 4.33　进出水中的 SS 浓度变化特征　　　图 4.34　进出水中的 COD 浓度变化特征

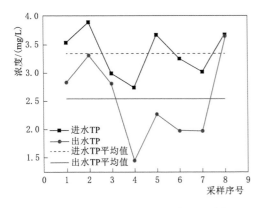

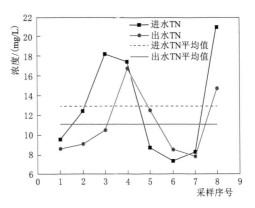

图 4.35　进出水中的 TP 浓度变化特征　　　图 4.36　进出水中的 TN 浓度变化特征

由图 4.33 可以看出，连续偏转技术设备出水 SS 浓度明显低于进水 SS 浓度。由图 4.34、图 4.35 可以看出，连续偏转技术设备对雨水径流中的 COD、TP 的去除效果跟 SS 一致。

由图 4.33 可以看出，连续偏转技术设备进水 SS 平均浓度约为 525mg/L，出水 SS 平均浓度约为 370mg/L，设备对 SS 的去除率约为 29%。由图 4.34 可以看出，连续偏转技术设备进水 COD 平均浓度约为 322mg/L，出水 COD 平均浓度约为 220mg/L，设备对 COD 的去除率约为 31%。由图 4.35 可以看出，连续偏转技术设备进水 TP 平均浓度约为 3.4mg/L，出水 TP 平均浓度为 2.6mg/L，设备对 TP 的去除率约为 24%。

由图 4.36、图 4.37 可以看出，连续偏转技术设备对进出水中的 TN、NH_3-N 的去除效果相比 SS 差，产生这种现象的主要原因是颗粒悬浮物负载的污染物的性质不同。

由图 4.36 可以看出，连续偏转技术设备进水 TN 平均浓度约为 12.9mg/L，出水 TN 平均浓度约为 11mg/L，设备对 TN 的去除率约为 14%。由图 4.37 可以看出，连续偏转技术设备进水 NH_3-N 平均浓度约为 5.9mg/L，出水 NH_3-N 平均浓度约为 5.0mg/L，设备对 NH_3-N 的去除率约为 14%。

综上所述，示范设备对仓联庄泵站在 2017 年 7 月 6 日的排水有着良好的去除效果，设备对 SS、COD、TP、TN 与 NH_3-N 的去除率分别约为 29%、31%、24%、14% 和 14%。

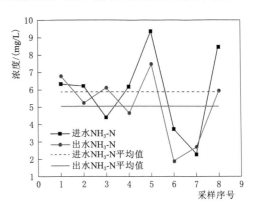

图 4.37　进出水中的 NH_3-N 浓度变化特征

3. 两次排水特征对示范设备去除效率影响分析

在 2017 年 6 月 23 日仓联庄泵站排水过程中，设备对 SS、COD、TP、TN 与 NH_3-N 的去除率分别约为 34%、38%、24%、31% 和 26%；在 2017 年 7 月 6 日仓联庄泵站排水过程中，设备对 SS、COD、TP、TN 与 NH_3-N 的去除率分别约为 29%、31%、24%、14% 和 14%。可以发现，设备对两次排水的去除效果差别不明显，除了对 TN 和

NH₃-N 的去除效果差别较大外，其他的去除率比较接近，表明盐坨桥泵站排水水质变化不大。

为此在示范试验的过程中，于泵站排水后对泵站前池水进行了样品采集，样品采集时间间隔为 10min。盐坨桥泵站两次排水水质比对如图 4.38 所示。

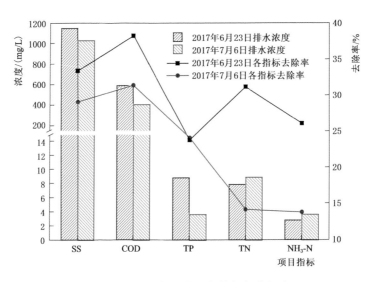

图 4.38　盐坨桥泵站两次排水水质比对

由图 4.38 可以看出，2017 年 6 月 23 日盐坨桥泵站排水水体中的 COD、TP 与 SS 浓度高于 2017 年 7 月 6 日盐坨桥泵站排水水体中的浓度。这主要是因为，2017 年 6 月 23 日出现了天津市当年的第一场大型降雨，这场降雨使得平时积累的大量污染物通过雨水冲刷进入到盐坨桥泵站，这些污染物中含有大量的黏土、泥沙等物质，这些物质又荷载着大量的污染物，致使 COD 浓度达到 600m/L 左右；经过 6 月 23 日的降雨冲刷，2017 年 7 月 6 日降雨后虽然有大量污染物进入到盐坨桥泵站，但是使得污染物浓度负荷略微下降，COD 浓度达到 400mg/L。示范设备主要通过去除雨水径流中的颗粒物协同去除水体中的污染物，由于 2017 年 6 月 23 日盐坨桥泵站排水中的污染物浓度相对大于 2017 年 7 月 6 日盐坨桥泵站排水中的污染物浓度，所以出现 2017 年 6 月 23 日示范设备对盐坨桥泵站排水的去除效果好于 2017 年 7 月 6 日的现象。

4.2.3 不同泵站排水特征对示范设备去除率影响分析

仓联庄泵站收集的水体主要为降雨时的地表径流雨水与地下水渗出水，污染程度相对较低，水体污染成分相对比较单一；盐坨桥泵站收集的主要是路面、屋面等地表径流雨水，污染程度较高，且污染物质成复杂。

将两个泵站 2017 年 6 月 23 日与 2017 年 7 月 6 日降雨排水过程中采集到的泵站雨水汇总，取两次降雨的平均值代表泵站的排水污染浓度，取两次降雨泵站排水过程中示范工程对水体污染物去除率的平均值代表示范工程对该泵站排水过程中污染物的去除率。对仓联庄泵站与盐坨桥泵站的排水污染物浓度与及示范工程对其去除率作图并进行分析，得到泵站排水特征如图 4.39 所示。

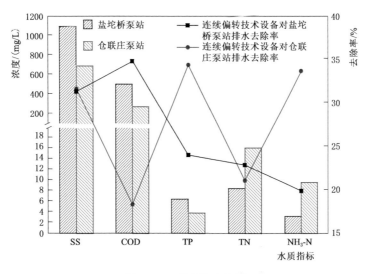

图 4.39　泵站排水特征

由图 4.39 可以看出，盐坨桥泵站在排水过程中，水体污染物 SS、COD 与 TP 的浓度明显高于仓联庄泵站，而盐坨桥泵站排水过程中，水体污染物 TN 与 NH_3-N 浓度反而低于仓联庄泵站，这种现象也很好地印证了前文得出的 SS 与 COD、TP 的相关性比较好，而 SS 与 TN、NH_3-N 的相关性不显著的说法。

由图 4.39 可以看出，示范工程对盐坨桥泵站排水水体中的污染物 COD 的净化效果好于仓联庄泵站。这主要是因为盐坨桥泵站的污染物负荷比较大，加之盐坨桥泵站收水主要为地表径流雨水及部分串接混接污水，水体中不仅存在大量的悬浮物颗粒，而且这些颗粒态悬浮物负载着大量其他污染物，而连续偏转技术示范设备对水体的净化主要通过截留雨水径流中的颗粒物来实现的，所以示范工程对盐坨桥泵站排水中的 COD 净化效果比较好；仓联庄泵站主要收集的为路面雨水与地下渗出水，所以 TN、NH_3-N 浓度高于盐坨桥泵站，且水体中大量的污染物质是以溶解态存在的，为此连续偏转技术示范设备对盐坨桥泵站与仓联庄泵站排水中的 TN、NH_3-N 有一定的截留效果，但是规律性不明显。

4.3　连续偏转技术数值模型研究

通过数值模拟连续偏转技术设备的流场，可深入了解连续偏转技术设备在运行过程中水体流场变化，分析滤网结构对悬浮固体颗粒分离效果的影响，同时考察不同流量与粒径等工况条件下连续偏转技术设备对雨水污染物的去除率。

4.3.1　连续偏转技术设备及模型概述

1. 设备概述

连续偏转技术设备是通过离心沉降等作用实现污染物与水体的分离，达到水体净化的设备。当悬浮固体颗粒等污染物与水体混合液在分离坝的引导下切向进入设备后，会产生强烈的三维椭圆形强旋转剪切湍流运动。由于颗粒和水体之间存在密度差，其受到的离心力、向心浮力、流体曳力等大小不同，在离心沉降作用下，大部分粗颗粒沉降到设备底部的污水坑，漂浮在水面上的油类污染物从上溢口进入油类截留板。水流在分离室经滤网过滤后穿过一个螺旋返回系统，并传送到出水管道，净化后的水体从出水管道流出。

该设备尺寸于实地测量得到，主体为直径约 0.8m、有效高度约 1.15m 的圆柱体结构，圆柱体底部下端连结收集袋，以收集杂质，模型中收集袋深度设置为 0.05m。设备顶部连通大气。流体出口和入口距底部均为 0.76m，出口和入口管径均为 0.36m，且偏移设备中心线 0.12m。设备内部连接入口处设有分离坝作为导流板，与分离坝相接的为一个圆柱面的滤网结构，直径为 0.5m，高度为 0.53m，偏移装置中心线 0.09m。连续偏转技术设备几何模型如图 4.40 所示。

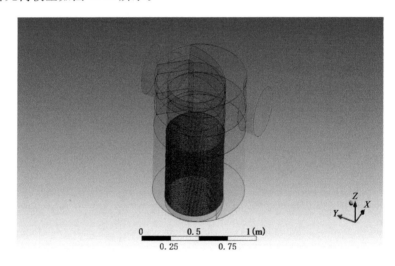

图 4.40　连续偏转技术设备几何模型

2. 模型建立

滤网的具体结构无法精确测量，模型中构建的滤网是根据实地观察的滤网结构形式而自行设计的。模型中构建的网孔直径为 0.01m，网孔以 50（圆周向）×26（高度向）均布在滤网上，共有 1300 个网孔。为研究网孔遮流结构对装置分离性能的影响效果，及装置内部结构对分离性能影响进行模拟分析。滤网总体结构与详细结构分别如图 4.41 与图 4.42 所示。

实际滤网结构较为复杂，造成建模比较困难；网格数量较大，造成计算量过大。因此，根据实际滤网的空隙大小及遮板角度，制作了简化的滤网。简化滤网总体结构和详细结构分别如图 4.43 和图 4.44 所示。

根据实际滤网规划模型，总节点数为 2989313，单元数为 2998228。根据简化滤网规划模型，总节点数为 1015730，单元数为 928996。可见，简化模型的网格数量接近实际滤网模型的 1/3。由于实际滤网的单元数量过大，现有服务器计算起来有些困难，因此分析中使用了简化的模型。连续偏转技术有限元模型总图、结构体、导流板、滤网分别如图 4.45～图 4.48 所示。

Mesh（Time＝6.7031e＋01)	Oct 24, 2017
	ANSYS Fluent Release 18. 0 (3d, pbns, vof, skw, transient)

图 4.41　滤网总体结构

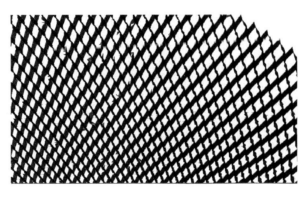

图 4.42　滤网详细结构

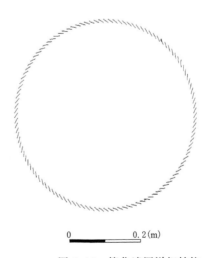

图 4.43　简化滤网总体结构　　图 4.44　简化滤网详细结构

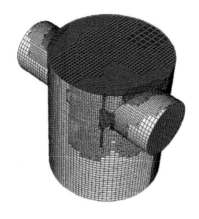

| Mesh(Time＝6.7031e＋01) | Oct 24, 2017 |
| | ANSYS Fluent Release 18. 0(3d, pbns, vof, skw, transient) |

图 4.45　连续偏转技术有限元模型总图

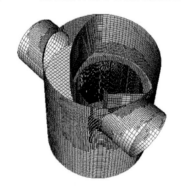

| Mesh(Time＝6.7031e＋01) | Oct 24, 2017 |
| | ANSYS Fluent Release 18. 0(3d, pbns, vof, skw, transient) |

图 4.46　连续偏转技术有限元模型结构体

| Mesh(Time＝6.7031e＋01) | Oct 24, 2017 |
| | ANSYS Fluent Release 18. 0(3d, pbns, vof, skw, transient) |

图 4.47　连续偏转技术有限元模型导流板

4.3.2 数学模型

1. $k-\varepsilon$ 湍流模型

同 2.3.3 小节。

2. VOF 方法

同 2.3.3 小节。

3. 颗粒 Lagrangian 运动控制方程（DPM 离散相模型）

同 2.3.3 小节。

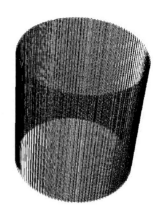

图 4.48　连续偏转技术有限元模型滤网

4.3.3 分析参数

由于装置内存在水和空气两种流体介质，为了更好地描述气水交界面，采用 VOF 两相流算法，水表面张力采用 $0.072N/m^2$，重力加速度设置为 $9.8066m/s^2$。为了得到较好的结果，湍流模型采用 $k-\omega$ 湍流模型，固体颗粒利用 DPM 离散相模型从流体入口处添加。固体颗粒密度为 $2800kg/m^2$，粒径设置根据不同工况而定。采用 coupled 算法，入口边界条件为流量入口，出口边界条件为压力出口。

4.3.4 模型率定与验证

1. 工况设计

为深入了解流量变化及滤网结构对利用连续偏转技术分离水体中固体污染物效果的影响，计算 11L/s 和 15L/s 两种流量条件下的效果，其中 15L/s 的算例可以与试验进行对比，计算加载的固体颗粒粒径为 $101\mu m$，远小于滤网网孔。模拟工况设计见表 4.9。

2. 结果分析

（1）流量变化对连续偏转技术设备内流场的影响。根据计算结果，分别选取出入口位置的气水分界面，并得到各自的平均高度，根据其平均高度差，得到设备的水头损失（表 4.10）。

表 4.9　模 拟 工 况 设 计

工况	流量/(L/s)	固体颗粒粒径/μm
1	11	101
2	15	101

表 4.10　水 头 损 失

工况	流量/(L/s)	水头损失/m
1	11	56.17
2	15	68.81

根据工况 1 和工况 2 的模拟结果进行分析。随着流量的变化，连续偏转技术设备的水头损失比较明显，流量为 11L/s 时水头高度为 56.17mm，流量为 15L/s 时水头高度为 68.81mm。流量越大，连续偏转技术设备的水头损失越大，其工况 1 和工况 2 条件下的内水面高度分别如图 4.49 和图 4.50 所示。

对比图 4.49 和图 4.50 还可以发现，工况 2 条件下的水体表面形成了更为明显的涡流，筒体中心的水面和周围筒体边缘的水面高度差更大。在工况 2 条件下，流量大，流体速度也大，在分离坝的导流作用下，水体沿着设备的筒体壁面快速运动，在设备的分离室内形成较大的漩涡；在工况 1 条件下，流量较小，流速较低，流入设备时对分离坝的冲击作用较小，所以在筒体内形成的漩涡也较小。

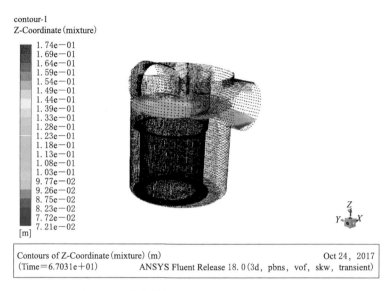

图 4.49　连续偏转技术设备内水面高度（工况 1）

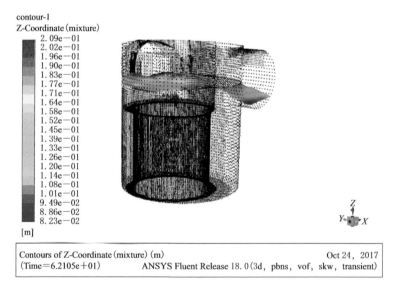

图 4.50　连续偏转技术设备内水面高度（工况 2）

（2）连续偏转技术设备对固体颗粒的去除率。两种工况条件下，连续偏转技术设备对固体颗粒的去除率见表 4.11。

表 4.11　　　　　两种工况条件下连续偏转技术设备对固体颗粒的去除率

工况	存留量/g	投入量/g	去除率/%
1	2.09	3.00	69.6
2	1.85	3.00	61.6

由表 4.11 可以看出，连续偏转技术设备对小于滤网孔径的杂质仍然具有滤除能力，且流量对杂质滤除效果均存在影响。流量增大时，设备对固体颗粒去除率下降。工况 1 和工况 2 条件下连续偏转技术设备内部流体流线图分别如图 4.51 和图 4.52 所示。

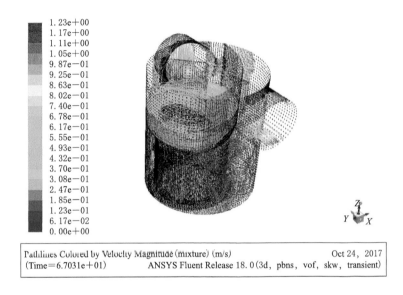

图 4.51　连续偏转技术设备内部流体流线图（工况 1）

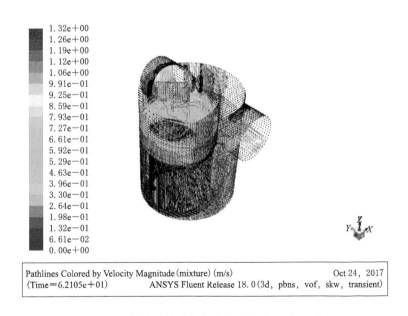

图 4.52　连续偏转技术设备内部流体流线图（工况 2）

3. 模型模拟值与实测值误差分析

模型分析数值与第 4 章实际测定数值比较见表 4.12。

表 4.12   模型分析数值与实际测定数值比较

粒径 /μm	流量 /(L/s)	模型去除率 /%	实测去除率 /%	模型水头损失 /mm	实测水头损失 /mm
101	11	69.6	66	56.17	53
	15	61.6	58.5	68.81	70.5

由表 4.12 可以得到 15L/s 流量条件下设备对粒径为 101μm 的粒子的试验实测去除率为 58.5%，水头损失为 70.5mm，与数值模型计算的结果——去除率为 61.6%、水头损失为 68.81mm——基本吻合。同时，11L/s 流量条件下设备的模型去除率为 69.6%，水头损失为 56.17mm，在该流量条件下数值模型计算的结果也介于试验实测结果的 7L/s 和 15L/s 之间。

因此，可以认为该设备的数值模拟结果基本是符合实际情况的，可以用来描述该设备的流畅情况，并可为今后的设备改进与流场情况描述奠定基础，为设备的进一步开发发挥非常重要的支撑作用。

4.4　磁絮凝强化连续偏转技术研究

鉴于连续偏转技术设备在实际应用过程中对小颗粒物及一些相对比较干净的雨水径流去除效果不理想的情况，根据模型计算并参考旋流分离技术重新设计得到改进型连续偏转技术设备，并就改进型连续偏转技术设备对雨水径流的净化效果进行了研究，同时就磁絮凝强化连续偏转技术设备的雨水径流的净化效果进行了研究分析，这为连续偏转技术的应用提供了新的方式与方向。

4.4.1　新型连续偏转技术设备的设计

在国外，常规的水力旋流器主要利用水力旋流技术，随着水力旋流技术的不断发展完善，逐渐出现了水力旋流与过滤、反冲洗相结合的设备。目前，分别带有旋流反冲洗设计和过滤装置的产品各有千秋，尚未发现有将旋流反冲洗与过滤结合在一起的水力旋流分离器。两者的集成与优化设计因其过滤效果及能实现自动反冲洗而将成为水力旋流分离器的一大发展趋势。

查阅大量国内外与水力旋流分离技术相关的文献资料，可知水力旋流是一项分离非均相液体混合物的水处理技术。旋流分离器作为一种分离非均相混合物的分级设备，可用来完成液体的除气与除砂、固相颗粒洗涤、液体澄清、固相颗粒分级以及两种非互溶液体分离等多种作业，是利用离心场加速悬浮液中固体颗粒沉降和强化分离过程的有效的分离分级设备。旋流分离器中的固液分离是重力和旋流产生的离心力共同作用的结果，其中旋流对 SS 的沉降有着重要的作用，同时能去除颗粒态的氮、磷等其他污染物质。为此在设计改进型连续偏转技术设备时要充分考虑旋流涡流技术。

连续偏转技术设备为采用连续偏转技术的雨污收集设备，该设备的核心是连续偏转技术，是使液体中的悬浮固体颗粒等从液体中分离出来的新技术，而最新的连续偏转技术采用非直通格栅，有效避免了格栅的堵塞，无论水流条件如何，它都能接近 100% 地捕捉并圈套住固体污染物。为此在重新设计改进型连续偏转技术设备时要充分利用非直通格栅的优势，对其进行改进并加以利用，在模型计算的基础上重新设计改进型连续偏转技术设备。改进型连续偏转技术设备设计图如图 4.53 所示。

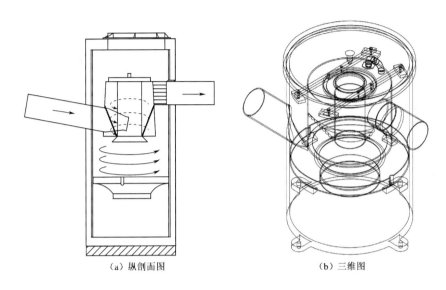

（a）纵剖面图　　　　　　　　　（b）三维图

图 4.53　改进型连续偏转技术设备设计图

4.4.2　新型连续偏转技术的试验研究

1. 试验装置

重新设计并得到改进型连续偏转技术设备的设计图，考虑到小试试验方便、易控制的要求，试验时，设计了直径为 40cm 的小型试验验证设备，得到设计加工图如图 4.54 所示。按照设备的设计加工图进行加工，为了观察设备在试验过程中的变化过程以及试验现象，主要采用有机玻璃进行加工，设备模型及实物图如图 4.55 所示。

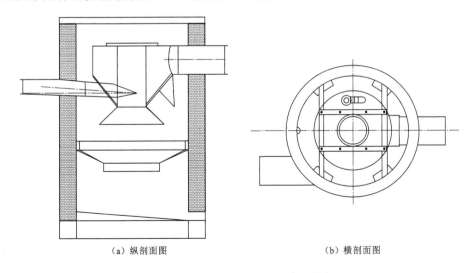

（a）纵剖面图　　　　　　　　　（b）横剖面图

图 4.54　改进型连续偏转技术设备设计加工图

（a）模型

（b）实物

图 4.55 改进型连续偏转技术设备模型及实物图

2. 试验方法

为了方便试验操作，以及对整个试验有一个好的流程规划设计，制作试验工艺流程图如图 4.56 所示，改进型连续偏转技术试验图如图 4.57 所示。在试验的过程中，先对设备的整个工艺流程进行检查，在完好的情况下，启动水箱搅拌器后开泵，再调节阀门来控制流量，使得流量达到试验要求，再按照试验要求采集样品，对采集到的样品进行监测分析。

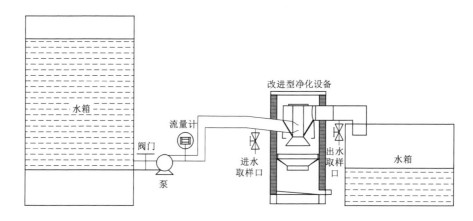

图 4.56 改进型连续偏转技术设备试验工艺流程图

3. 试验结果分析

在试验过程中，一共进行了两次试验，两次试验过程中的控制流量为 0.5L/s，两次试验所采用的水质不一样，第一次试验结果和第二次试验结果分别如图 4.58 和图 4.59 所示。

由图 4.58、图 4.59 可以看出，改进型连续偏转技术设备对雨水径流中的 SS 的去除效率大约为 40%，并可以看出雨水径流中跟 SS 相关性比较好的 COD、TP 有着跟 SS 差不多的去除率。改进型连续偏转技术设备对 TN、NH_3-N 有一定的去除率，但是规律性相对比较不明显，相比第 4 章所述的连续偏转技术于示范场的应用过程，其对 SS 的去除率有着明显的提升。改进型连续偏转技术设备的两次试验说明，改进后的连续偏转技术设备对雨水径流有着良好的去除效果。

图 4.57 改进型连续偏转技术设备试验图

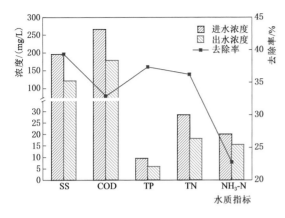

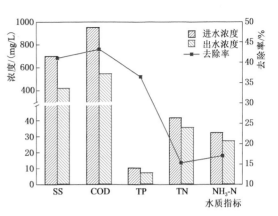

图 4.58　改进型连续偏转技术设备第一次
试验结果

图 4.59　改进型连续偏转技术设备第二次
试验结果

4.4.3　磁絮凝技术对雨水径流去除效果的影响研究

化学絮凝是国内外应用比较普遍的废水处理方法，在絮凝过程中投加磁粉，有助于提升絮凝效果，提高处理效率。磁絮凝技术是通过投加磁粉（即 Fe_3O_4）、混凝剂和助凝剂，使得污染物形成带有磁性的絮凝体，然后通过磁分离技术或者自身沉降以达到去除污染物的目的。一些研究表明，磁絮凝技术在缩短絮凝与沉降时间、分离絮体方面具有明显的优势。本小节通过试验，研究磁絮凝技术在处理城市污水过程中的最佳运行条件，即确定磁粉、混凝剂和助凝剂的最佳投加量，确定最佳搅拌时长和沉淀时长。在最佳运行条件下，进行经济性分析，为磁絮凝技术-旋转偏离技术联合使用提供重要的参考依据。

1. 试验部分

（1）材料与仪器。试验材料：试验所用试剂均为分析纯（AR），包括聚合氯化铁（PAC）（含量不小于 27％）、磁粉（Fe_3O_4）（纯度大于 98％）、聚丙烯酰胺（PAM）（阴离子），其他试剂主要为测定水质指标所用药剂，测定方法参考各指标相应的国家标准。试验仪器：JJ-4SA 型六联电动搅拌器（金坛市成辉仪器厂），CPA124S 电子天平（德国 sartorius），GZ-WXJ-Ⅲ型微波闭式消解仪（韶关市广智科技设备有限公司），101-1ES 型电热鼓风干燥箱（北京市永光明医疗仪器有限公司），1000mL 量筒，1000mL 烧杯，滴定管。

（2）试验水样。试验所用水样取自天津市某典型区域的排水泵站，COD 为 160～190mg/L，总悬浮固体（TSS）为 120～140mg/L，五日生化需氧量（BOD_5）为 70～90mg/L。

2. 试验方法

本试验采用单因素法，通过控制药品投加量、搅拌时长与沉淀时间等分析磁絮凝的效果，根据取得水样的 COD 值评价磁絮凝技术的最佳工作参数。试验过程中采用六联电动搅拌器，每次取 1L 的原水，依次加入不同量的磁粉、混凝剂与助凝剂，经过定时搅拌后取上清液作为样品，并测定其 COD 值，根据所测得的样品中的 COD 值进行分析。

3. 试验结果分析

（1）磁粉投加量对去除结果的影响。试验在控制其他因素的情况下，依次加入 0mg、

50mg、100mg、150mg、200mg 磁粉，200mg PAC，2mg PAM。以 300r/min 的转速搅拌 2min，经沉淀 30s、60s、90s、120s、180s、300s 后分别取 5mL 上清液，测定其 COD 值，以沉淀时间为横坐标，以对 COD 的去除率为纵坐标，磁粉投加量对磁絮凝效果的影响如图 4.60 所示。

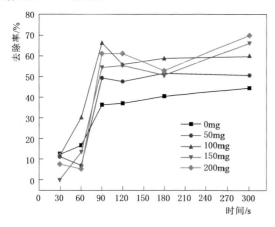

图 4.60　磁粉投加量对磁絮凝效果的影响

由图 4.60 可知，在磁粉投加量相同的情况下，对 COD 的去除率随着沉淀时间的增加先快速提高，后缓慢提高且趋于平缓。同时，随着磁粉投加量的增加，对 COD 的去除率随之提高，当磁粉投加量增加到 100mg 时，去除率显著提高，当磁粉投加量继续增加时，去除率提高不明显，同时出现对 COD 去除率降低的现象。出现该现象的原因主要是，加入磁粉后，液体中出现微电场，会加速絮体的形成与沉降，但是当磁粉投加量增加到一定程度时，此时的絮体与沉降速度达到自身一个限值，所以对去除率的影响并不明显，反而可能因为磁场过强，影响液体中絮体的稳定性，从而使得对 COD 的去除率降低。

综上所述，从去除率以及经济效益两个方面来考虑，确定 100mg 为最佳磁粉投加量，即当磁粉的投加量为 100mg/L、沉淀时长为 90s 时，对 COD 的去除率高达 60% 以上。

（2）PAC 投加量对去除结果的影响。控制磁粉的投加量为 100mg，在 6 瓶容量为 1L 的原污水中分别加入 50mg、100mg、150mg、200mg、250mg、300mg PAC，2mg PAM。以 300r/min 的转速搅拌 2min，经沉淀 30s、60s、90s、120s、180s、300s 后分别取 5mL 上清液，测定其 COD 值，以时间为横坐标，以对 COD 的去除率为纵坐标，PAC 投加量对磁絮凝效果的影响如图 4.61 所示。

由图 4.61 可知，对 COD 的去除率随着沉淀时间的增加先迅速提高后缓慢提高，最终趋于平缓；当 PAC 投加量不大于 250mg 时，随着 PAC 投加量的增加，对 COD 的去除率提高；当 PAC 投加量大于 250mg 时，随着 PAC 投加量的增加，对 COD 的去除率降低。究其原因是，刚开始 PAC 投加量的增加会增加液体中污染物与 PAC 的反应速度，从而加速污染物的去除；当 PAC 投加量增加到一定程度时，此时 PAC 浓度过高反而影响污染物的去除，降低对 COD 的去除率。

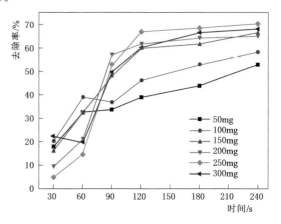

图 4.61　PAC 投加量对磁絮凝效果的影响

综上所述，考虑到 PAC 对去除效率的影响，确定 250mg 为 PAC 的最佳投加量，即当 PAC 的投加量为 250mg/L、沉淀时间为 120s 时，对 COD 的去除率达到 65％以上。

（3）PAM 投加量对去除结果的影响。PAM 能改善絮凝条件与絮体结构，提高絮凝效果，PAM 在絮凝过程中具有去水化作用、电荷中和作用和吸附架桥作用等。但是一些研究表明，PAM 若投加过多，会导致水中的胶体出现"再稳定"的情况，因而 PAM 在投加过程中需要控制用量。在磁粉投加量为 100mg、PAC 投加量为 250mg 的条件下，分别加入 0.5mg、1mg、1.5mg、2mg 的 PAM。以 300r/min 的转速搅拌 2min，经沉淀 30s、60s、90s、120s、180s、300s 后分别取 5mL 上清液，测定其 COD 值，以时间为横坐标，以对 COD 的去除率为纵坐标，PAM 投加量对磁絮凝效果的影响如图 4.62 所示。

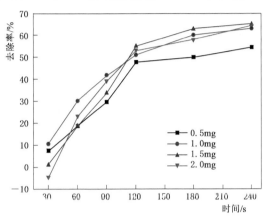

图 4.62　PAM 投加量对磁絮凝效果的影响

由图 4.62 可知，对 COD 的去除率随着沉淀时间的增加先迅速提高后缓慢提高，最终趋于平缓；当 PAM 增加到 1mg 时，去除率相应地提高，当 PAM 投加量增加到 2mg 时，去除率提高不明显，反而出现降低的现象。原因主要是，适量的 PAM 能改善絮体结构，同时更好地去除低浓度的污染物，但当 PAM 投加过量时，会使水体中出现"再稳定"的情况，且 PAM 本身会为水体贡献 COD 值，从而出现 PAM 投加过量使得对 COD 的去除率降低，甚至出现对 COD 的去除率为负数的现象。

综上所述，考虑到去除率的影响，确定 PAM 的最佳投加量为 1mg，即当 PAM 的投加量为 1mg/L 时，对 COD 的去除率达到 60％以上。

（4）搅拌时长对去除结果的影响。搅拌时长和强度对于絮凝效果有显著的影响，搅拌时间过短，混凝剂不能充分溶解在水里，而搅拌时间过长，形成的絮体又会被打碎，影响处理效果。在选取最佳投药量的情况下，取 5 瓶容量为 1L 的原污水，分别加入磁粉 100mg、PAC 250mg、PAM 1mg。以 300r/min 的转速分别搅拌 30s、60s、90s、120s、150s。经沉淀 30s、60s、90s、120s、180s 后分别取 5mL 水样测定其 COD 值，以时间为横坐标，以对 COD 的去除率为纵坐标，搅拌时长对磁絮凝效果的影响如图 4.63 所示。

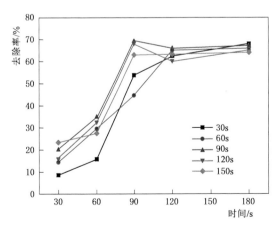

图 4.63　搅拌时长对磁絮凝效果的影响

由图 4.63 可知，对 COD 的去除率随着沉淀时间的增加先快速提高后缓慢提高，最后趋于平缓；当搅拌时间由 30s 增加到 90s 时，对 COD 的去除效率快速提高，当搅拌时间继续增加到 150s 时，去除率缓慢下降。究其原因是，刚开始时搅拌时间增加，会减少浓差极化现象，从而加快絮凝的反应与沉降速度，使得对 COD 的去除率提高；当搅拌时间过长时，絮凝反应生成的絮体难以聚集与沉降，从而影响对 COD 的去除，使去除率降低。

综上所述，考虑到搅拌时长对 COD 的去除率以及快速去除水中污染物的影响，确定最佳搅拌时长为 90s，对 COD 的去除率在 70% 左右。

4．对比试验研究

通过以上试验，确定了磁粉、PAC 与 PAM 的最佳投加量和最佳搅拌时长。本组试验主要考察磁粉与 PAM 的添加与否对絮凝效果的影响，选用最佳投加量，即磁粉 100mg/L、PAC 250mg/L、PAM 1mg/L，在最佳搅拌时长 90s 条件下，分别研究 PAC、PAC＋磁粉、PAC＋PAM、PAC＋磁粉＋PAM 四种情况对污水中 COD 的去除效果。磁絮凝对比试验结果如图 4.64 所示。

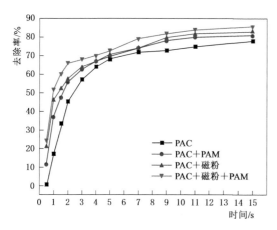

图 4.64　磁絮凝对比试验结果

由图 4.64 可知，在沉淀时间较长的情况下，PAC、PAC＋磁粉、PAC＋PAM、PAC＋磁粉＋PAM 对 COD 均有较好的去除效果，且最终的去除率相当。沉淀时间为前 3min 内时，磁粉及 PAM 的添加与否对 COD 的去除率影响特别明显，可以看出在添加磁粉的情况下，其对 COD 的去除率会大幅提高，明显高于其他不添加磁粉的组。同时可以看出，添加 PAM 也会在一定程度上增加对 COD 的去除率，但是效果不如添加磁粉明显。

出现上述现象的主要原因是，添加磁粉后，其会在液体中产生微电场，而且磁粉本身就是一个核，会大大增加絮凝反应，同时絮凝反应形成的絮体结构更大、更密实。磁絮凝技术会大大缩短反应条件中的沉淀时间，这在实际应用中有着非常重要的意义，磁絮凝技术对污水净化有明显的效果。

5．实际应用试验研究

在最佳投加量与搅拌时长的情况下，即磁粉 100mg/L、PAC 250mg/L、PAM 1mg/L、搅拌时长 90s 时，考察磁絮凝技术对污水中 BOD_5 和 SS 的去除效果，磁絮凝技术实际应用试验效果如图 4.65 所示。

由图 4.65 可知，磁絮凝技术对污水中的 SS、COD 以及 BOD_5 都有非常好的去除效果。首先，对污水中 SS 的去除有一个先快速提高、后快速降低

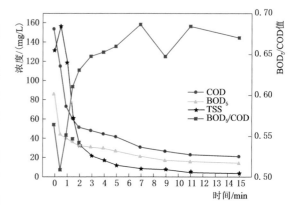

图 4.65　磁絮凝技术实际应用试验效果

的过程，产生这种现象的原因主要是，刚开始产生絮体时，水体中含有大量的磁粉，从而使得 SS 浓度升高，之后絮体快速沉降，使得 SS 浓度降低，最后对 SS 的去除率达到 97% 左右；其次，污水中的 BOD_5/COD 值开始时出现快速降低、快速上升的现象，同样是因为刚开始反应时絮体中含有大量的磁粉、PAC、PAM 等难降解的物质，随后 BOD_5/COD 值快速升高，主要是因为这些难降解的物质大量絮凝沉淀，最后趋于平缓，污水中的 BOD_5/COD 值由开始的 0.56 升高到 0.67 左右。这大大提高了污水的可生化性，为后续的污水净化提供了极大的帮助。

常规的污水处理厂一级处理工艺中，仅通过沉淀的方法来去除污水中的一部分污染物，处理效率偏低，使得二级生物处理的污染负荷较大，从而增加整个后续处理工艺投资，且运行费用高。而在一级处理工艺的基础上添加磁絮凝技术进行强化处理，其对城市污水中胶体、悬浮物以及很多污染物都有较好的去除效果。这在很大程度上降低了后续处理设施的基建和运行费用。除此之外，利用磁絮凝技术能显著提高絮体沉降速度，缩短沉淀时间，因此能够降低化学强化一级处理的运行时间，提高处理效率。同时，随着一些廉价磁种的开发和磁分离装置的应用，磁粉的成本降低了，磁絮凝技术的应用范围扩大了。

4.4.4 磁絮凝强化连续偏转技术试验研究

1. 试验方法

在有关磁絮凝技术对雨水径流去除效果的影响研究中，得到了最佳反应条件，在此条件下进行磁絮凝强化连续偏转技术设备试验。为了更直观地了解试验流程及方法，设计磁絮凝强化连续偏转技术设备工艺流程图如图 4.66 所示，试验现场图如图 4.67 所示。

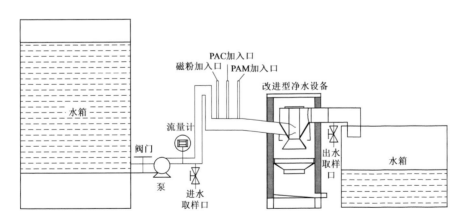

图 4.66　磁絮凝强化连续偏转技术设备工艺流程图

2. 试验结果分析

在试验过程中，一共进行了两次试验，两次试验的控制流量都为 0.5L/s，两次试验的水质不一样，第一次试验结果和第二次试验结果分别如图 4.68 和图 4.69 所示。

由图 4.68、图 4.69 可以看出，利用磁絮凝强化连续偏转技术设备对雨水径流进行处理后，对雨水径流中 SS 的去除率大约为 60%，这极大地提高的连续偏转技术设备对雨水

图 4.67　试验现场图

径流中 SS 的去除率。雨水径流中跟 SS 相关性比较好的 COD、TP，该设备对其有着差不多的去除率，所以磁絮凝强化连续偏转技术设备对雨水径流中的 SS、COD 与 TP 有着良好的去除效果。雨水径流中的 SS 与 TN、NH_3-N 的相关性不明显，使得磁絮凝强化连续偏转技术设备对雨水径流中的污染物 TN、NH_3-N 的去除效果不好。

同样，在试验过程中，考察了磁絮凝强化连续偏转技术设备对雨水径流进行处理后出水的后续变化，对采集到的样品静置 3min 后，再测定样品上清液的污染物浓度。试验发现，静置 3min 后，设备对水体中 SS 的去除率达到 95％以上，对 COD 与 TP 的去除率进一步提高到 85％以上。这说明雨水径流通过磁絮凝强化连续偏转技术设备处理后，后续的出水只要简单地静置就能去除水体中绝大部分的 SS、COD 与 TP 等物质，这对雨水径流的深度处理提供了新的方向。

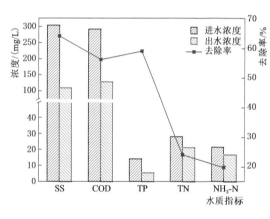

图 4.68　第一次试验结果

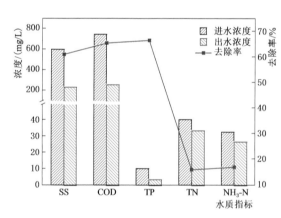

图 4.69　第二次试验结果

4.5　连续偏转技术的综合应用

本小节对连续偏转技术在城市雨水径流中的实际应用形式进行了研究分析，对连续偏转技术与其他技术的联用进行了介绍，并对连续偏转技术在其他领域的应用形式进行了展望。

4.5.1　连续偏转技术设备在雨水径流污水净化中的应用形式

1. 连续偏转技术设备在雨水管网中的应用

连续偏转技术设备可以直接应用于城市管网，同时可以充当检查井和收水井的作用。

在实际应用过程中，将设备直接安装在管网中，利用雨水径流等污水的重力，当其流经设备时，可达到截留污染物的作用，从源头减少雨水径流污染物的排放。在应用于城市管网时，连续偏转技术设备还可以充当检查井的作用，不仅可以大大减少雨水径流污染物进入管道，且大大方便了城市管网管理者对管网的维护工作。连续偏转技术设备还可直接充当收水井，雨水径流中的污染物，特别是生活垃圾、树叶、塑料袋等，在进入到连续偏转技术设备时，会直接被圈套在设备内，从源头上减少了雨水径流中的污染物进入管网。连续偏转技术设备在雨水管网中的应用示意图如图 4.70 所示。

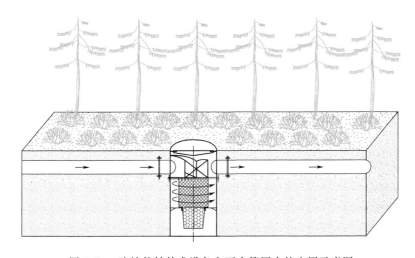

图 4.70　连续偏转技术设备在雨水管网中的应用示意图

2. 连续偏转技术设备在泵站前池中的应用

中国大部分沿海城市的雨水径流排放是通过雨水泵站来实现的，天津市是其中典型。在修建雨水泵站的过程中，天津市都要在雨水泵站里修建泵站前池与泵池，降雨过程中形成的雨水径流通过雨水管网汇集到泵站前池，所以有大量污染物进入到泵站前池，后通过泵池的雨水泵排入河道。为此，可以把连续偏转技术设备应用在泵站里面，在实际应用过程中，可以安装在泵站前池的雨水管网入口处；安装位置上，可直接安装在泵站前池的管网入口处，入口处不宽裕的可直接把泵站前池管网入口延长一部分，将连续偏转技术设备安装在泵站前池里面。另外，还可以把连续偏转技术设备安装在泵站前池与泵站之间。总之，将连续偏转技术设备安装在泵站，管理维护相当方便，同时雨水径流经泵站排放前能大量截留雨水径流中的污染物，大大减少了入河污染物的排放。连续偏转技术设备在泵站前池中的应用示意图如图 4.71 所示。

3. 连续偏转技术设备在入河口的应用

现阶段，大量的雨水径流排放管网体系已完成规划建设。由于城市的自身特性，在整个雨水径流通过管网汇集到雨水泵站直至排放的过程中，可能难以找到地方安装连续偏转技术设备。针对此种情况，可把连续偏转技术设备安装在雨水管网的入河口。城市雨水管网入河口一般有一定的空间可用于安装连续偏转技术设备，如果入河口空间不足，可延长雨水管网入河口至河道，直接把连续偏转技术设备安装在河道上，这样可以节省大量的安放空间。连续偏转技术设备在入河口的应用示意图如图 4.72 所示。

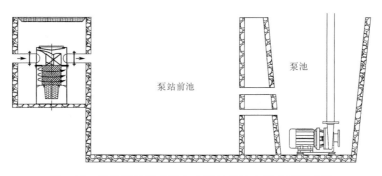

图 4.71　连续偏转技术设备在泵站前池中的应用示意图

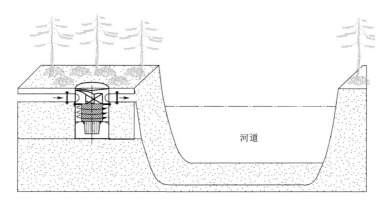

图 4.72　连续偏转技术设备在入河口的应用示意图

4. 连续偏转技术设备在河道上的应用

一些小的沟渠或者河道存在大量的垃圾，这些垃圾在降雨时会大量排放到河道里。针对这种沟渠或河道，可以直接把连续偏转技术设备应用在沟渠或河道上，如此可以截留沟渠或河道里的绝大部分固体垃圾，对河道环境的改善有着重要的意义。连续偏转技术设备在河道上的应用示意图如图 4.73 所示。

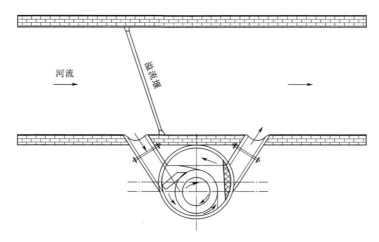

图 4.73　连续偏转技术设备在河道上的应用示意图

4.5.2 连续偏转技术与其他技术的联合应用形式

1. 连续偏转技术与磁絮凝技术的联用

连续偏转技术设备去除雨水径流中的污染物，主要是通过截留雨水径流中的悬浮态颗粒物实现的，一些微小的悬浮物与难以沉降的物质利用连续偏转技术设备是难以去除的，所以改变雨水径流中污染物的沉降性显得特别重要。

化学絮凝主要利用絮凝剂的聚合反应，使水体中微小的污染物质通过团聚、吸附、网扑等作用形成大的悬浮物质，从而增加水体中悬浮态颗粒物质的沉降性能。在絮凝的过程中加入磁粉，可使形成的絮体结合得更加紧密。另外，磁粉本身就是一个核，磁絮凝使形成的絮体有着更大的密实度，并使絮体有着更好的沉降性。

所以连续偏转技术与磁絮凝技术的联合是一种有机的结合，其联合技术能去除水体中大量的污染物质，同时该技术在实际应用过程中也比较容易实现。连续偏转技术-磁絮凝技术联合工艺示意图如图 4.74 所示。

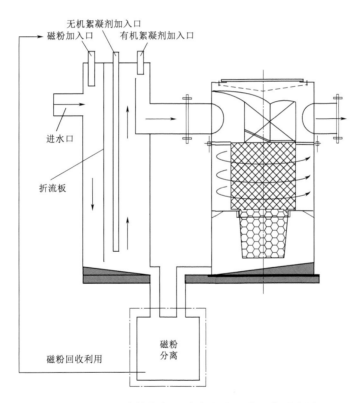

图 4.74　连续偏转技术-磁絮凝技术联合工艺示意图

2. 连续偏转技术与湿地技术的联用

人工湿地技术是由人工建造和控制运行的与沼泽地类似的地面，将污水、污泥有控制地投配到人工建造的湿地上，污水与污泥在沿特定方向流动的过程中，利用土壤、人工介质、植物、微生物的物理、化学、生物三重协同作用，对污水、污泥进行处理的一种技术。其作用机理包括吸附、滞留、过滤、氧化还原、沉淀、微生物分解、转化、植物遮蔽、残留物积累、蒸腾水分和养分吸收及各类动物的作用。人工湿地对一些水体中的有机污染物有着较高的去除率，但人工湿地在使用的过程中，容易发生堵塞失效的情况，主要是由进水中的悬浮态颗粒物质造成的。为此人工湿地技术在应用时，应尽可能减少进入湿地水体中的悬浮态颗粒物质，这样能有效避免人工湿地堵塞的问题。

连续偏转技术与人工湿地技术的联合是一种有机的结合，连续偏转技术应用在人工湿地的前端，能大量去除水体中的悬浮态颗粒物，而经过连续偏转技术设备处理后的水体进入到人工湿地，通过湿地的进一步净化作用，出水水质大大提升。连续偏转技术-湿地技术联合工艺示意图如图 4.75 所示。

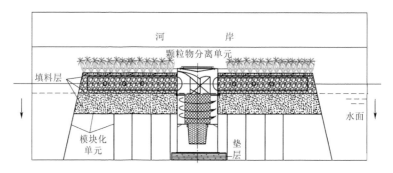

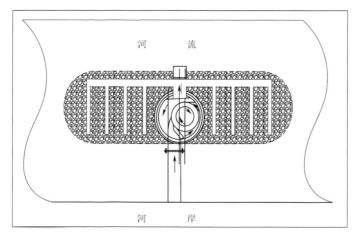

图 4.75　连续偏转技术-湿地技术联合工艺示意图

3. 连续偏转技术与生态多维汇水技术的联用

生态多维汇水技术对水体中多种污染物质有着良好的去除作用，其主要通过蓄积、过滤、吸收雨水的作用来净化径流雨水。目前我国城市雨水管网末端河道岸边雨水中的悬浮物浓度较高，排水水质比较差。为此针对现有生态多维汇水技术和生态学原理，构建具有良好净化效果的生态多维汇水系统。

连续偏转技术与生态多维汇水技术的联合是一种有机的结合，连续偏转技术应用在生态多维汇水技术的前端，能大量去除水体中的悬浮态颗粒物，而经过连续偏转技术处理后的出水进入到生态多维汇水系统，通过生态多维汇水系统的进一步净化作用，排水水质大大提升，这对我国现河道岸边排水水质较差的情况有着重要的现实意义。连续偏转技术-

生态多维汇水技术联合工艺平面图如图 4.76 所示，连续偏转技术-生态多维汇水技术联合工艺剖面图如图 4.77 所示。

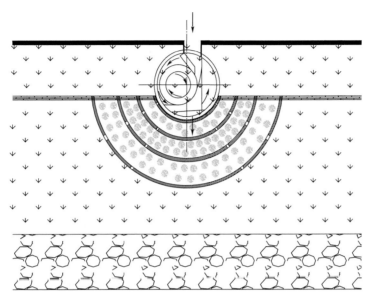

图 4.76　连续偏转技术-生态多维汇水技术联合工艺平面图

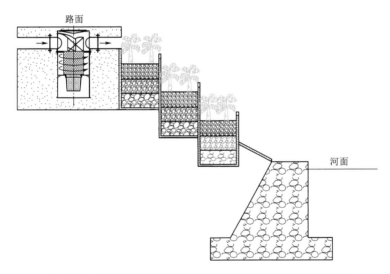

图 4.77　连续偏转技术-生态多维汇水技术联合工艺剖面图

4.6　本　章　小　结

1. 连续偏转技术设备的主要性能及参数研究

引进型号为 F0506 的连续偏转技术设备，研究了不同进水流量、不同进水浓度、不同粒径对污染物去除效果的影响，研究了不同运行工况条件下设备运行造成的水头损失，建立了设备去除率、粒径、流量之间的函数关系，为设备选址、应用提供重要的技术支撑，主要结论如下：

（1）粒径相同时，设备去除效果不受进水浓度的影响。

（2）流量为 7L/s 时，当粒径由 $10\mu m$ 增大至 $70\mu m$ 时，去除率随着粒径的增大而提高且互为线性关系；当粒径由 $70\mu m$ 增大至 $150\mu m$ 时，去除率依然会随着粒径的增大而提高，但是提高的速度变缓。

（3）流量为 15L/s 时，当粒径由 $10\mu m$ 增大至 $101\mu m$ 时，去除率随着粒径的增大而提高，去除率与粒径为二次方关系；当粒径由 $101\mu m$ 增大至 $143\mu m$ 时，去除率依然会随着粒径的增大而提高，但是提高的速度变缓。

（4）流量为 22L/s 时，当粒径由 $10\mu m$ 增大至 $71\mu m$ 时，去除率受粒径变化的影响不明显；当粒径由 $71\mu m$ 增大至 $196\mu m$ 时，去除率随着粒径的增大而提高，去除率与粒径成二次方关系。

（5）流量为 35L/s 时，当粒径从 $32\mu m$ 增大至 $403\mu m$，时，去除率随着粒径的增大而提高，去除率与粒径成线性相关关系。

（6）粒径相同时，去除率随着流量的增大而降低。

（7）设备运行压头损失是以流量为变量的函数，压头损失 $\Delta P = -0.0052Q^3 + 0.2543Q^2 - 3.109Q + 14.1$。

（8）建立了设备去除率、粒径、流量之间的函数关系，即

$$E = \frac{P_1 + P_2 d + P_3 d^2 + P_4 d^3 + P_5 Q + P_6 Q^2}{1 + P_7 d + P_8 d^2 + P_9 Q + P_{10} Q^2 + P_{11} Q^3}$$，为设备的设计提供了重要的技术支撑。

2. 连续偏转技术设备的示范应用研究

引进型号为 F0912 的连续偏转技术设备，分别研究设备对地道雨水径流污染的处理效果及对串接混接雨污水的处理效果，主要结论如下：

（1）仓联庄泵站（地道泵站）出水水质污染处理效果。6 月，设备对仓联庄泵站出水中的 SS、COD、TP、TN 与 NH_3-N 的去除率分别约为 38%、18%、36%、17% 和 43%；7 月，设备对仓联庄泵站出水中的 SS、COD、TP、TN 与 NH_3-N 的去除率分别约为 25%、18%、33%、25% 和 24%。

（2）盐坨桥泵站（存在串接混接）出水水质污染处理效果。6 月，设备对仓联庄泵站出水中的 SS、COD、TP、TN 与 NH_3-N 的去除率分别约为 34%、38%、24%、31% 和 26%；7 月，设备对仓联庄泵站出水中的 SS、COD、TP、TN 与 NH_3-N 的去除率分别约为 29%、31%、24%、14% 和 14%。

3. 仿真数学模型建立，优化设备结构，与磁絮凝技术联用

利用 Fluent 软件，建立了设备的仿真数学模型。基于仿真模型，结合天津市入河污染水质特性，对设备结构进行了优化、改进并加工成小试试验装置，开展了试验研究，研究了连续偏转技术与磁絮凝技术联用对水质处理效果的影响。基于设备性能参数研究、示范应用研究及仿真数学模型研究，分析了设备的应用条件及推广应用前景。主要结论如下：

（1）经过对比，连续偏转技术设备的数值模型计算结果与实际试验结果吻合度较好，

认为模型可以用来预测不同工况条件下设备的去除能力。通过模型计算可以发现，滤网结构形式对去除率存在较大影响，相同粒径情况下，随着流量的增大，设备去除污染的能力下降。

（2）通过野外试验，改进型连续偏转技术设备对雨水径流中的 SS 的去除率约为 40％，相比设备改进前提高 10％左右，同时对 COD、TP 的去除率相应提高。

（3）磁絮凝技术与改进型连续偏转技术联合使用，去除率明显提高，对 SS 的去除率达到 60％，静置沉淀 3min 后，对水体中 SS 的去除率达到 95％以上，对 COD 与 TP 的去除率进一步提高到 85％以上。

（4）基于设备性能参数研究、示范应用研究及仿真数学模型研究，结合连续偏转技术与磁絮凝技术的联用试验，分析了设备的应用条件及推广应用前景。该设备应用形式多样，可应用于泵站前池、临时泵站、管网不同节点、沟渠河道内等场地，其形式可以根据现场的具体情况而灵活改变。

（5）该技术可与磁絮凝技术、湿地技术、生态多维汇水等技术联用，应用领域较为广泛。

参　考　文　献

［1］　U. S. ENVIRONMENTAL PROTECTION AGENCY. National water quality inventory ［R］. 2002.

［2］　ERIC STRASSLER, JESSE PRITTS, KRISTEN STRELLEC. Preliminary data summary of urban storm water best management practices （EPA - 821 - R - 99 - 012） ［D］. Washington：U. S. environmental protection agency，1999.

［3］　MICHIO MURAKAMI, MAKOTO FUJITA, HIROAKI FURUMAI, etc. Sorption behavior of heavy metal species by soak away sediment receiving urban road runoff form residential and heavily trafficked areas ［J］. Journal of hazardous material，2009，164 （2 - 3）：707 - 712.

［4］　JOO - HYON KANG, MASOUD KAYHANIAN, M K STENSTROM. Predicting the existence of storm water first flush from the time of concentration ［J］. Water research，2008 （42）：220 - 228.

［5］　PETER BREEN, IAN LAWRENCE. Urban storm water pollutants and their characteristics ［R］. Sydney：Australian national committee on water engineering，2003.

［6］　BYEONG - KU LEE, T T T DONG. Effects of road characteristics on distribution and toxicity of polycyclic aromatic hydrocarbons in urban road dust of Ulsan, Korea ［J］. Journal of hazardous materials，2010，175 （1 - 3）：540 - 550.

［7］　WANG L, WEI J, HUANG Y, et al. Urban nonpoint source pollution buildup and wash off models for simulating storm runoff quality in the los angeles county ［J］. Environmental pollution，2011，159 （7）：1932 - 1940.

［8］　LAMPREA K, RUBAN V. Characterization of atmospheric deposition and runoff water in a small suburban catchment ［J］. Environmental technology，2011，32 （10）：1141 - 1149.

［9］　GROMAIRE - MERTZ M C, GARNAUD S, GONZALEZ A, et al. Characterisation of urban runoff pollution in Paris ［J］. Water science and technology，1999，39 （2）：1 - 8.

［10］　CHEBBO G, GROMAIRE M C, AHYERRE M, et al. Production and transport of urban wet weather pollution in combined sewer systems：the "Marais" experimental urban catchment in Paris ［J］. Urban water，2001，3 （1）：3 - 15.

［11］　李俊奇，车伍. 城市雨水问题与可持续发展对策 ［J］. 城市环境与城市生态，2005 （4）：5 - 8.

［12］　谭琼，李田，高秋霞. 上海市排水系统雨天出流的初期效应分析 ［J］. 中国给水排水，2005，21 （11）：26 - 30.

［13］　甘华阳，卓慕宁，李定强，等. 广州城市道路雨水径流的水质特征 ［J］. 生态环境，2006，15 （5）：969 - 973.

［14］　左晓俊，傅大放，李贺. 降雨特性对路面初期径流污染沉降去除的影响 ［J］. 中国环境科学，2010，30 （1）：30 - 36.

［15］　张思聪，惠士博，谢森传，等. 北京市雨水利用 ［J］. 北京水利，2003 （4）：20 - 22.

［16］　张亚东，车伍，刘燕，等. 北京城区道路雨水径流污染指标相关性分析 ［J］. 城市环境与城市生态，2003，16 （6）：182 - 184.

［17］　储金宇，蔡裕领，吴春笃，等. 镇江老城区降雨地表径流污染特征分析 ［J］. 工业安全与环保，2012，38 （12）：58 - 61.

［18］　施为光. 城市降雨径流长期污染负荷模型的探讨 ［J］. 城市环境与城市生态，1993 （2）：6 - 10.

148

［19］ 贺锡泉．城市径流非点源污染运动波模型初探［J］．上海环境科学，1990（8）：12－15.

［20］ 汉京超．城市雨水径流污染特征及排水系统模拟优化研究［D］．上海：复旦大学，2013.

［21］ 孙凌帆，桂林．雨水径流中污染指标的相关性［J］．人民黄河，2010，32（7）：64－65.

［22］ 车伍，欧岚，汪慧贞，等．北京城区雨水径流水质及其主要影响因素［J］．环境污染治理技术与设备，2002，3（1）：33－37.

［23］ 陈伟伟，张会敏，黄福贵，等．城区屋面雨水径流水文水质特征研究［J］．水资源与水工程学报，2011，22（3）：86－88.

［24］ 李静毅，杨志峰，王利强．上海世博园区雨水利用的研究及设计思路［J］．水处理技术，2007，33（6）：81－84.

［25］ 刘珊，赵剑强，商连．氧化塘处理初期路面雨水技术分析［J］．西安公路交通大学学报，1999（S1）：34－35，38.

［26］ 彭德强，吕一波．水力旋流器评述［J］．选煤技术，2006（5）：13－18.

［27］ 赵东．水力旋流器发展概况及趋势［J］．矿业工程，2007，5（4）：15－16.

［28］ 朴鲁燕，从中央流入雨水中分离出漂浮物和沉淀物的涡流分离装置：CN200610099128.3［P］．2006－07－27.

［29］ SMISSON B. Design，construction and performance of vortex overflows［C］//Institute of Civil Engineers. London：symposium on storm sewage overflows，1967：99－110.

［30］ Field R. The swirl concentrator as a CSO regulation facility（USEPA－R2－72－008）［R］．1972.

［31］ SULLIVAN R H，URE J E，PARKINSON F，et al. Design manual：swirl and helical bend pollution control devices［J］．NTIS，SPRINGFIELD，VA，1982.

［32］ 褚良银，陈文梅．旋转流分离理论［M］．北京：冶金工业出版社，2002.

［33］ BROMBACHH. Solids removal from combined sewer overflows with vortex separators［C］//NOVATECH 92，International Conference on Innovative Technologies in the Domain of Urban Water Drainage，Lyon（France），November，1992：3－5.

［34］ HEDGES P D，LOCKLEY P E，MARTIN J R. The relationship between field and model studies of an hydrodynamic separator combined sewer overflow［C］//6th International Conference on Urban Storm Drainage，1993.

［35］ AVERILL D，MACK－MUMFORD D，MARSALEK J，et al. Field facility for research and demonstration of SCO treatment technologies［J］．Water science and technology，1997，36（8）：391－396.

［36］ ARNETT C J，GURNEY P K. High rate solids removal and chemical and non－chemical UV disinfection alternatives for treatment of CSO's［J］．Innovation，2000.

［37］ 北京水环境技术与设备研究中心，北京市环境保护科学研究院，国家城市环境污染控制工程技术研究中心．三废处理技术工程手册：废水卷［M］．北京：化学工业出版社，2000，365－366.

［38］ 褚良银，陈文梅．描述水力旋流器分级过程的一个新模型［J］．科技通报，1996（2）：91－95.

［39］ 王光风，李峻宇．水力旋流器用于分级的实验研究［C］//中国工程热物理学会流体机械学术会议论文集．宜昌，1995.

［40］ 任熙．水力旋转器新型分离模型的研究［J］．流体工程，1997，25（11）：24－27.

［41］ LEE J H，BANG K W. Characterization of urban stormwater runoff［J］．Water research，2000，34（6）：1773－1780.

［42］ 李广贺，张旭，王宏，等．多功能复合型固-液旋流分离器：CN02153487.X［P］．2002－11－29.

［43］ 储金宇，李微，李维斌．旋流分离器在控制暴雨径流中的应用［J］．排灌机械，2008，26（4）：57－60.

［44］ 靳军涛，管运涛，陶霞，等．城市道路雨水初期径流快速处理工艺设计［J］．中国给水排水，2011，27（22）：72－75.

［45］ 潘振学，易利芳．旋流分离器在控制城市雨水径流污染中的可行性研究［J］．科技视界，2012 （27）：352-353.

［46］ 张国珍，杨仕超，杨公博，等．西北村镇集雨的饮用水处理工程实践［J］．中国给水排水，2013，29 （6）：64-68.

［47］ GAVELIN G，BACKMAN J. Fractionation with hydrocyclones ［J］． Recycling paper：from fiber to finished product，1991：610-613.

［48］ 费普鸿．沉砂-过滤联合装置控制径流雨水中颗粒物试验与应用研究［D］．北京：北京建筑工程学院，2012.